高职高专通信技术专业系列教材

通信工程监理

（第二版）

主　编　张振中　张耀辉

副主编　文杰斌　谭　毅

西安电子科技大学出版社

内 容 简 介

本书基于通信工程监理的实际过程，参考《国家通信工程监理规范》的要求，以通信工程监理"四控制、两管理、一协调"的工作任务为主线进行编写。

本书分为两篇，即通信工程监理基础和通信工程监理案例，共 6 章和一个附录。主要内容包括：通信工程监理的基础知识、通信工程建设监理中的"四控制"、通信工程建设监理中的"两管理"和"一协调"、通信线路工程监理、有线设备工程监理、基站建设工程监理。

本书符合高职高专的教学要求及特点，可作为高职高专通信专业及相关专业的教材，也可作为通信专业人员的培训教材。

图书在版编目(CIP)数据

通信工程监理/张振中，张耀辉主编. —2 版. —西安：西安
电子科技大学出版社，2022.9(2022.11 重印)
ISBN 978–7–5606–6629–7

Ⅰ. ①通… Ⅱ. ①张… ②张… Ⅲ. ①通信工程—监理工作—高等职业教育—教材
Ⅳ. ①TN91

中国版本图书馆 CIP 数据核字(2022)第 160478 号

策　　划　马乐惠
责任编辑　马乐惠
出版发行　西安电子科技大学出版社(西安市太白南路 2 号)
电　　话　(029)88202421　88201467　　　　邮　　编　710071
网　　址　www.xduph.com　　　电子邮箱　xdupfxb001@163.com
经　　销　新华书店
印刷单位　咸阳华盛印务有限责任公司
版　　次　2022 年 9 月第 2 版　 2022 年 11 月第 2 次印刷
开　　本　787 毫米×1092 毫米　1/16　印　张　11.75
字　　数　274 千字
印　　数　301～2300 册
定　　价　28.00 元
ISBN 978-7-5606-6629-7/TN

XDUP 6931002–2

如有印装问题可调换

前 言
—— preface ——

通信工程监理是指针对通信工程建设项目，社会化、专业化的通信工程建设监理单位接受业主的委托和授权，根据国家批准的通信工程建设文件、有关通信工程建设的法律法规、通信工程建设监理合同以及其他通信工程建设合同所进行的，旨在实现项目投资目的的微观监督管理活动。

本书是作者在国内知名通信监理公司进行一线调研以及搜集和整理大量通信工程监理案例的基础上，结合高职高专的教学要求和特点，针对通信工程监理员、通信工程管理员、通信工程线路员等职业岗位，参考国家通信工程监理规范的最新要求，以通信工程监理"四控制、两管理、一协调"的工作任务为主线编写的。本书基于通信工程监理实际过程分为两篇，共6章。第一篇是通信工程监理基础，包括第1章、第2章和第3章，其中第1章阐述通信工程监理的基础知识，包括通信工程监理概述、通信工程监理的内容及流程、通信工程监理的资质及管理；第2章阐述通信工程建设监理中的"四控制"，包括通信工程造价控制、通信工程进度控制、通信工程质量控制、通信工程安全控制；第3章阐述通信工程建设监理中的"两管理"和"一协调"，包括通信工程合同管理、通信工程信息管理、通信工程协调。第二篇是通信工程监理案例，包括第4章、第5章和第6章，其中第4章阐述通信线路工程监理，包括通信线路工程监理概述、通信线路工程监理的工作流程、通信线路工程监理的要点、通信线路工程监理案例；第5章阐述有线设备工程监理，包括有线设备工程监理概述、有线设备工程监理的工作流程、有线设备工程监理的要点、有线设备工程监理案例；第6章阐述基站建设工程监理，包括基站建设工程监理概述、基站建设工程监理的工作流程、基站建设工程监理的要点、基站建设工程监理案例。

全书是多位编者通力合作的结果，具体的编写分工是：张振中执笔第1章、第2章、第3章和第6章，张耀辉执笔第4章，谭毅执笔第5章。张振中和张耀辉担任本书主编并负责全书的统稿，文杰斌和谭毅担任本书的副主编并负责全书的审核工作，吕宏悦负责本书前三章的校对工作。同时，在本书编写和出版的过程中得到了广东公诚通信建设监理有限公司、中通服项目管理咨询有限公司、湖南邮电职业技术学院和西安电子科技大学出版社各级领导的大力支持与帮助，在此表示衷心的感谢。

本次再版增加了第1章、第2章、第3章练习题的单选题和多选题，增加了第4章、第6章部分案例，以保证案例能够尽量全面地覆盖本项目类型，同时还修改了部分文字和图片错误，更新了部分国家、行业、企业标准。

限于编者水平，书中难免存在不妥之处，敬请专家、同行和读者批评指正。

编　者
2022 年 6 月于长沙

目　录
—— contents ——

第二篇　通信工程监理案例

第一篇

通信工程监理基础

第1章　通信工程监理的基础知识

【主要内容】

本章主要介绍通信工程监理的基础知识，其中包括通信工程监理的概念、监理单位与工程相关各方的关系、通信工程监理的业务范围、通信工程监理的工作方式；通信工程监理的主要工作内容、通信工程监理流程；通信工程项目监理机构、通信工程监理企业的资质管理和通信工程监理人员的资格管理等。

**【重点难点】**

本章重点是通信工程监理的工作方式、业务范围、主要工作内容和通信工程监理流程；难点是通信工程监理的主要工作内容和通信工程监理流程。

1.1　通信工程监理概述

1.1.1　通信工程监理的概念

通信工程监理是指具有相应资质的监理企业受工程项目建设单位的委托，依据国家有关工程建设的法律法规及经建设主管部门批准的工程建设文件、建设工程监理委托合同和其他建设工程合同，对建设工程实施专业化监督管理。实行建设工程监理制度，目的在于完善建设工程管理，提高建设工程的投资效益和社会效益。

通信工程监理的概念中主要包含以下四个要素。

(1) 委托授权：工程监理的实施需要法人的委托和授权。

(2) 管理对象：工程监理是针对工程项目建设所实施的监督管理活动。

(3) 服务依据：依据国家或行业的法律法规、规范标准、经济合同等对工程项目建设提供的技术服务。

(4) 行为主体：工程监理的行为主体是监理企业，监理企业是具有独立性、社会化、专业化特点的从事工程监督和其他技术活动的组织。

1.1.2　监理单位与工程相关各方的关系

1. 监理单位与政府质量监督管理部门的关系

工程建设监理与政府质量监督都属于工程建设领域的监督管理活动，其目标是一致的。质量监督管理部门代表政府行使质量监督权力，监理单位代表建设单位执行监理任务，监理单位要接受政府质量监督管理部门的质量监督与检查。因此，监理单位应向政府质量监督管理部门提供反映工程质量实际情况的资料，配合质量监督管理部门进入施工现场进行检查。

2. 监理单位与建设单位的关系

(1) 平等的企业法人关系。建设单位与监理单位都是通信建设市场中的企业法人，虽然两者的经营性质不同、业务范围不同，但它们都是独立的经营主体，在通信建设市场中的地位是平等的。

(2) 委托与被委托的合同关系。建设单位与监理单位作为委托监理合同的合同主体，受合同的约束，是委托与被委托的关系。

3. 监理单位与施工单位的关系

(1) 平等的企业法人关系。监理单位与施工单位同是通信建设市场中的企业法人，但两者的经营性质、业务范围不同，双方在国家工程建设规范标准的制约下，完成通信工程建设任务，在通信建设市场中具有平等的关系。

(2) 监理与被监理的关系。按照国家的有关规定，在委托监理的工程项目中，施工单位必须接受监理单位的监督管理。建设单位与施工单位签订的建设工程施工合同，明确了监理单位与施工单位的监理与被监理的关系。

4. 监理单位与设计单位的关系

在委托设计阶段监理的工程项目中，建设单位与设计单位签订的设计合同及与监理单位签订的委托监理合同，明确了监理单位与设计单位之间监理与被监理的关系，设计单位应接受监理单位的监督管理。

在非委托设计阶段监理的工程项目中，监理单位与设计单位只是工作上的配合关系。当监理人员发现设计存在缺陷或不合理之处时，可通过建设单位向设计单位提出修改意见。

1.1.3　通信工程监理的业务范围

按照《工业和信息化部行政许可实施办法》(工信部第 2 号令)的相关规定，通信建设监理企业资质等级分为甲级、乙级和丙级，甲级和乙级资质分为电信工程专业和通信铁塔专业，丙级资质只设电信工程专业。监理企业可承担的业务范围如下。

1. 甲级监理企业可承担的业务

甲级监理企业可在全国范围内承担经批准专业的各种规模的下列业务：

(1) 电信工程专业：有线传输、无线传输、电话交换、移动通信、卫星通信、数据通信、通信电源、综合布线、通信管道工程。

(2) 通信铁塔专业：塔高 80 m 以下的通信铁塔工程。

2. 乙级监理企业可承担的业务

乙级监理企业可在全国范围内承担经批准专业的下列业务：

(1) 电信工程专业：工程投资额 3000 万元以下的省内有线传输、无线传输、电话交换、移动通信、卫星通信、数据通信、通信电源等专业工程；10 000 m^2 以下建筑物的综合布线工程；通信管道工程。

(2) 通信铁塔专业：塔高 80 m 以下的通信铁塔工程。

3. 丙级监理企业可承担的业务

丙级监理企业可在全国范围内承担工程投资额 1000 万元以下的本地网有线传输、无线传输、电话交换、移动通信、卫星通信、数据通信、电信电源工程；5000 m^2 以下建筑物的综合布线工程；48 孔以下通信管道工程。

1.1.4   通信工程监理的工作方式

《建设工程质量管理条例》第三十八条规定："监理工程师应当按照工程监理规范的要求采取旁站、巡视、平行检验和见证等形式，对建设工程实施监理。"

1. 旁站

旁站是指由监理人员在关键部位或关键工序施工现场进行的监理活动。旁站检查的方法可以通过目视进行，也可以通过仪器设备进行。旁站主要由监理员承担，是确保关键工序或关键操作符合规范要求的主要监理手段。

2. 巡视

巡视是指监理人员对正在施工的部位或工序在现场进行的定期或不定期的监督活动，它是所有监理人员都应进行的一项日常工作。通过巡视，监理人员能够了解施工的部位、工种、工序、机械操作、工程质量等情况，并发现问题。

3. 平行检验

平行检验是指项目监理机构利用一定的检查或检测手段，在施工单位自检的基础上，按照一定的比例进行检查或检测的活动，它是监理单位独自利用自有的检测设备或委托具有试验资质的试验室来完成的。平行检验费用应在委托监理合同中进行约定。

4. 见证

见证是指监理人员在现场监督某一工序或某一工作的实施。见证的适用范围主要是质量的检查试验工作、工序验收、工程计量等。

1.2   通信工程监理的内容及流程

1.2.1   通信工程监理的主要工作内容

根据《通信建设工程监理管理规定》(工信部规〔2007〕168 号)的规定，监理工作概括起来就是"四控制、两管理、一协调"，即质量控制、造价控制、进度控制、安全控制，合同管理、信息管理，组织协调。

1. 设计阶段的监理内容

(1) 协助建设单位选定设计单位，商签设计合同并监督管理设计合同的实施。

(2) 协助建设单位提出设计要求，参与设计方案的选定。

(3) 协助建设单位审查设计和概(预)算，参与施工图设计阶段的会审。

(4) 协助建设单位组织设备、材料的招标和订货。

2. 施工阶段的监理内容

(1) 协助建设单位审核施工单位编写的开工报告。

(2) 审查施工单位的资质和施工单位选择的分包单位的资质。

(3) 协助建设单位审查批准施工单位提出的施工组织设计、安全技术措施、施工技术方案和施工进度计划，并监督检查实施情况。

(4) 审查施工单位提供的材料和设备清单及其所列的规格和质量证明资料。

(5) 检查施工单位是否严格执行工程施工合同和规范标准。

(6) 检查工程使用的材料、构件和设备的质量。

(7) 检查施工单位在工程项目上的安全生产规章制度和安全监管机构的建立、健全及专职安全生产管理人员配备情况，督促施工单位检查各分包单位的安全生产规章制度的建立情况；审查项目经理和专职安全生产管理人员是否具有信息产业部或通信管理局颁发的《安全生产考核合格证书》，是否与投标文件一致；审核施工单位应急救援预案和安全防护措施费用的使用计划。

(8) 监督施工单位按照施工组织设计中的安全技术措施和专项施工组织方案组织施工，及时制止违规施工作业；定期巡视检查施工过程中的危险性较大工程作业情况；检查施工现场各种安全标志和安全防护措施是否符合强制性标准的要求，并检查安全生产费用的使用情况；督促施工单位进行安全自查工作，并对施工单位资产情况进行抽查，参加建设单位组织的安全生产专项检查。

(9) 实施旁站监理，检查工程进度和施工质量，验收分部、分项工程，签署工程付款凭证，做好隐蔽工程的签证。

(10) 审查工程结算。

(11) 协助建设单位组织设计单位和施工单位进行竣工初步验收，并提出竣工验收报告。

(12) 审查施工单位提交的交工文件，督促施工单位整理合同文件和工程档案资料。

3. 工程保修期阶段的监理内容

(1) 依据委托监理合同来确定质量保修期的监理工作范围。

(2) 负责对建设单位提出的工程质量缺陷进行检查和记录，对施工单位已修复的工程质量进行验收。

(3) 协助建设单位对造成工程质量缺陷的原因进行调查分析并确定责任归属，对非施工单位原因造成的工程质量缺陷核实修复工程的费用，签发支付证明，并报建设单位。

(4) 保修期结束后协助建设单位结算工程保修金。

1.2.2　通信工程监理流程

为了提高建设监理水平，规范工程建设的监理行为，监理工作必须执行最新的《建设工程监理规范》，还应在符合国家现行的有关强制性标准的前提下，遵循工程建设的程序。通信工程监理的主要流程如表 1-1 所示。通过本流程，可以加强监理人员对各个施工环节的了解，理顺各环节间的关系，使工程有序地进行。

表1-1 通信工程监理的主要流程

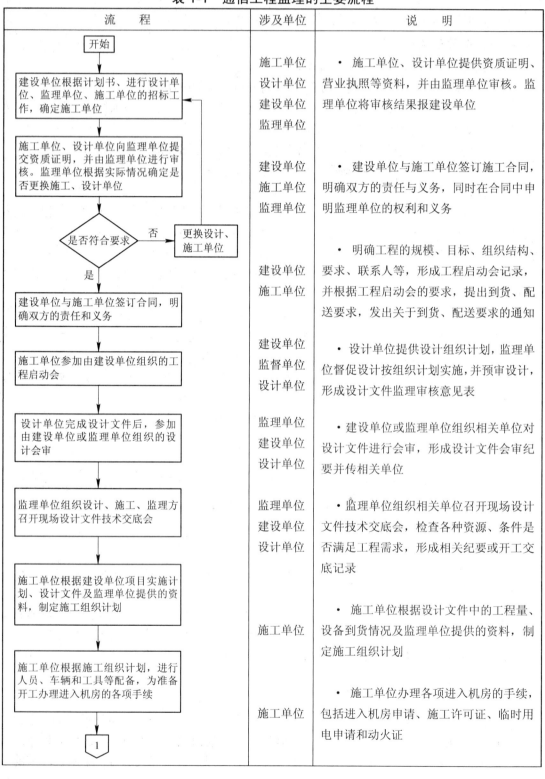

流程	涉及单位	说明
开始 建设单位根据计划书，进行设计单位、监理单位、施工单位的招标工作，确定施工单位	施工单位 设计单位 建设单位 监理单位	• 施工单位、设计单位提供资质证明、营业执照等资料，并由监理单位审核。监理单位将审核结果报建设单位
施工单位、设计单位向监理单位提交资质证明，并由监理单位进行审核。监理单位根据实际情况确定是否更换施工、设计单位	建设单位 施工单位 监理单位	• 建设单位与施工单位签订施工合同，明确双方的责任与义务，同时在合同中申明监理单位的权利和义务
是否符合要求 → 否 → 更换设计、施工单位；是 ↓		• 明确工程的规模、目标、组织结构、要求、联系人等，形成工程启动会记录，并根据工程启动会的要求，提出到货、配送要求，发出关于到货、配送要求的通知
建设单位与施工单位签订合同，明确双方的责任和义务	建设单位 施工单位	
施工单位参加由建设单位组织的工程启动会	建设单位 监督单位 设计单位	• 设计单位提供设计组织计划，监理单位督促设计按组织计划实施，并预审设计，形成设计文件监理审核意见表
设计单位完成设计文件后，参加由建设单位或监理单位组织的设计会审	监理单位 建设单位 设计单位	• 建设单位或监理单位组织相关单位对设计文件进行会审，形成设计文件会审纪要并传相关单位
监理单位组织设计、施工、监理方召开现场设计文件技术交底会	监理单位 建设单位 设计单位	• 监理单位组织相关单位召开现场设计文件技术交底会，检查各种资源、条件是否满足工程需求，形成相关纪要或开工交底记录
施工单位根据建设单位项目实施计划、设计文件及监理单位提供的资料，制定施工组织计划	施工单位	• 施工单位根据设计文件中的工程量、设备到货情况及监理单位提供的资料，制定施工组织计划
施工单位根据施工组织计划，进行人员、车辆和工具等配备，为准备开工办理进入机房的各项手续 1	施工单位	• 施工单位办理各项进入机房的手续，包括进入机房申请、施工许可证、临时用电申请和动火证

续表一

流　　程	涉及单位	说　　明
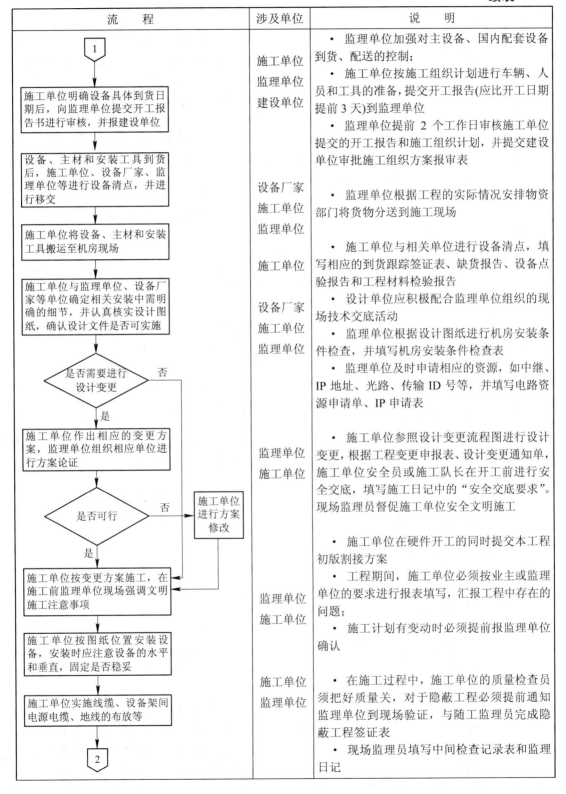	施工单位 监理单位 建设单位 设备厂家 施工单位 监理单位 施工单位 设备厂家 施工单位 监理单位 监理单位 施工单位 监理单位 施工单位 施工单位 监理单位	• 监理单位加强对主设备、国内配套设备到货、配送的控制； • 施工单位按施工组织计划进行车辆、人员和工具的准备，提交开工报告(应比开工日期提前 3 天)到监理单位 • 监理单位提前 2 个工作日审核施工单位提交的开工报告和施工组织计划，并提交建设单位审批施工组织方案报审表 • 监理单位根据工程的实际情况安排物资部门将货物分送到施工现场 • 施工单位与相关单位进行设备清点，填写相应的到货跟踪签证表、缺货报告、设备点验报告和工程材料检验报告 • 设计单位应积极配合监理单位组织的现场技术交底活动 • 监理单位根据设计图纸进行机房安装条件检查，并填写机房安装条件检查表 • 监理单位及时申请相应的资源，如中继、IP 地址、光路、传输 ID 号等，并填写电路资源申请单、IP 申请表 • 施工单位参照设计变更流程图进行设计变更，根据工程变更申报表、设计变更通知单，施工单位安全员或施工队长在开工前进行安全交底，填写施工日记中的"安全交底要求"。现场监理员督促施工单位安全文明施工 • 施工单位在硬件开工的同时提交本工程初版割接方案 • 工程期间，施工单位必须按业主或监理单位的要求进行报表填写，汇报工程中存在的问题； • 施工计划有变动时必须提前报监理单位确认 • 在施工过程中，施工单位的质量检查员须把好质量关，对于隐蔽工程必须提前通知监理单位到现场验证，与随工监理员完成隐蔽工程签证表 • 现场监理员填写中间检查记录表和监理日记

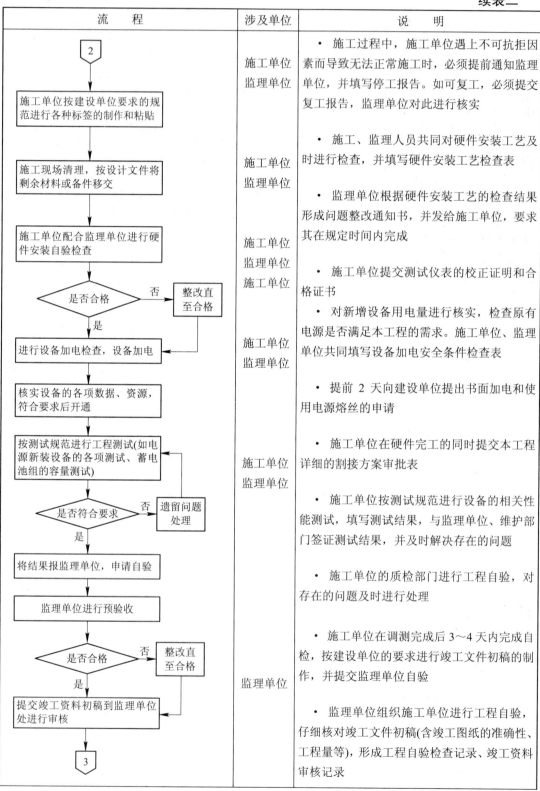

流　　程	涉及单位	说　　明
②	施工单位 监理单位	• 施工过程中，施工单位遇上不可抗拒因素而导致无法正常施工时，必须提前通知监理单位，并填写停工报告。如可复工，必须提交复工报告，监理单位对此进行核实
施工单位按建设单位要求的规范进行各种标签的制作和粘贴		
施工现场清理，按设计文件将剩余材料或备件移交	施工单位 监理单位	• 施工、监理人员共同对硬件安装工艺及时进行检查，并填写硬件安装工艺检查表
施工单位配合监理单位进行硬件安装自验检查	施工单位 监理单位 施工单位	• 监理单位根据硬件安装工艺的检查结果形成问题整改通知书，并发给施工单位，要求其在规定时间内完成 • 施工单位提交测试仪表的校正证明和合格证书
是否合格　否→整改直至合格　是		
进行设备加电检查，设备加电	施工单位 监理单位	• 对新增设备用电量进行核实，检查原有电源是否满足本工程的需求。施工单位、监理单位共同填写设备加电安全条件检查表
核实设备的各项数据、资源，符合要求后开通		• 提前 2 天向建设单位提出书面加电和使用电源熔丝的申请
按测试规范进行工程测试(如电源新装设备的各项测试、蓄电池组的容量测试)	施工单位 监理单位	• 施工单位在硬件完工的同时提交本工程详细的割接方案审批表 • 施工单位按测试规范进行设备的相关性能测试，填写测试结果，与监理单位、维护部门签证测试结果，并及时解决存在的问题
是否符合要求　否→遗留问题处理　是		
将结果报监理单位，申请自验		• 施工单位的质检部门进行工程自验，对存在的问题及时进行处理
监理单位进行预验收		• 施工单位在调测完成后3~4天内完成自检，按建设单位的要求进行竣工文件初稿的制作，并提交监理单位自验
是否合格　否→整改直至合格　是		
提交竣工资料初稿到监理单位处进行审核	监理单位	• 监理单位组织施工单位进行工程自验，仔细核对竣工文件初稿(含竣工图纸的准确性、工程量等)，形成工程自验检查记录、竣工资料审核记录
③		

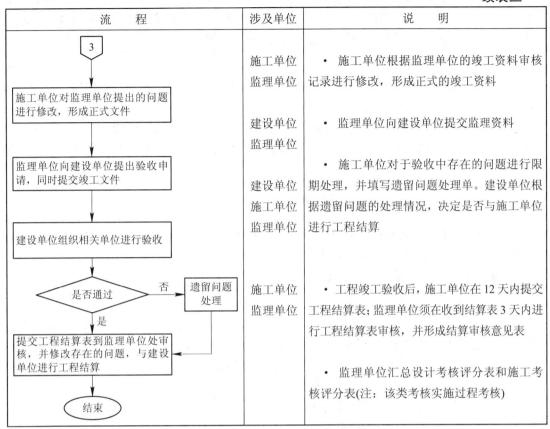

流　程	涉及单位	说　明
	施工单位 监理单位	• 施工单位根据监理单位的竣工资料审核记录进行修改，形成正式的竣工资料
	建设单位 监理单位	• 监理单位向建设单位提交监理资料
	建设单位 施工单位 监理单位	• 施工单位对于验收中存在的问题进行限期处理，并填写遗留问题处理单。建设单位根据遗留问题的处理情况，决定是否与施工单位进行工程结算
	施工单位 监理单位	• 工程竣工验收后，施工单位在 12 天内提交工程结算表；监理单位须在收到结算表 3 天内进行工程结算表审核，并形成结算审核意见表 • 监理单位汇总设计考核评分表和施工考核评分表(注：该类考核实施过程考核)

1.3　通信工程监理的资质及管理

1.3.1　通信工程项目监理机构

1. 项目监理机构的组成

项目监理机构的组织形式和规模，应根据委托监理合同规定的服务内容、工期、工程规模、技术复杂程度、工程环境要求等因素来确定。项目监理机构监理人员的专业、数量应满足工程项目监理工作的需要。项目监理机构监理人员应包括总监理工程师、专业监理工程师和监理员，必要时可配备总监理工程师代表，如图 1-1 所示。

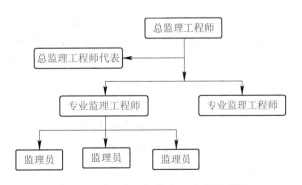

图 1-1　项目监理机构监理人员关系图

项目监理机构实行总监理工程师负责制，由总监理工程师全权代表监理单位负责监理合同委托的所有工作。总监理工程师是经监理企业法定代表人授权、派驻现场的监理组织的总负责人，行使监理合同赋予监理企业的权利和义务，全面负责受委托工程的监理工作。一名总监理工程师只宜担任一项委托监理项目的总监理工程师。当需要同时担任多项委托监理项目的总监理工程师时，须经建设单位同意，且最多不得超过 3 项。

2. 监理设施的配备

(1) 建设单位应根据委托监理合同的约定向项目监理机构提供必要的监理设施，项目监理机构在完成监理工作后应将其移交建设单位。

(2) 监理单位应根据项目类别、规模、技术复杂程度及工程所在地的环境条件，按委托监理合同的约定，配备满足监理工作所需的检测设备和工具及办公、交通、通信、生活等设施。

1.3.2   通信工程监理企业的资质管理

通信工程监理企业的资质等级分为甲级、乙级和丙级，甲级和乙级资质均设有电信工程专业和通信铁塔专业，丙级资质只设电信工程专业。

1. 申请通信工程监理企业的资质

申请通信工程监理的企业必须符合以下要求：

(1) 是在中华人民共和国境内依法设立的、具有独立法人地位的企业(已取得企业法人营业执照，或者取得工商行政管理机关核发的工商预登记文件)。

(2) 有健全的组织机构及固定的、与人员规模相适应的工作场所。

(3) 具有承担相应监理工作的检测仪器、仪表、设备和交通工具。

(4) 符合通信建设监理企业资质等级的标准。

2. 通信工程监理企业的资质等级

1) 甲级

(1) 有关负责人资历：企业负责人应当具有从事通信建设或者管理工作的经历，并具有中级以上(含中级)职称或者同等专业水平；企业技术负责人应当具有 8 年以上从事通信建设或者管理工作的经历，并具有高级技术职称或者同等专业水平，已取得通信建设监理工程师资格。

(2) 工程技术、经济管理人员的要求：通信建设监理工程师总数不少于 60 人，其中电信工程专业监理工程师应当不少于 45 人，通信铁塔专业监理工程师应当不少于 5 人；在各类专业技术人员中，高级工程师或者具有同等专业水平的人员不少于 12 人，具有高级经济系列职称或者同等专业水平的人员不少于 3 人，具有通信建设工程概预算资格证书的人员不少于 20 人。

(3) 注册资本：不少于 200 万元人民币。

(4) 业绩：企业近两年内完成 2 项投资额 3000 万元以上或者 4 项投资额 1500 万元以上的通信建设监理工程项目。

2) 乙级

(1) 有关负责人资历：企业负责人应当具有从事通信建设或者管理工作的经历，并具有中级以上(含中级)职称或者同等专业水平；企业技术负责人应当具有 5 年以上从事通信建设或者管理工作的经历，并具有高级技术职称或者同等专业水平，已取得通信建设监理工程师资格。

(2) 工程技术、经济管理人员的要求：通信建设监理工程师总数不少于 40 人，其中电信工程专业监理工程师应当不少于 30 人，通信铁塔专业监理工程师应当不少于 3 人。在各类专业技术人员中，高级工程师或者具有同等专业水平的人员不少于 8 人，具有中级以上(含中级)经济系列职称或者同等专业水平的人员不少于 2 人，具有通信建设工程概预算资格证书的人员不少于 12 人。

(3) 注册资本：不少于人民币 100 万元。

(4) 业绩：企业近两年内完成 2 项投资额 1500 万元以上或者 5 项投资额 600 万元以上的通信建设监理工程项目，但首次申请乙级资质的除外。

3) 丙级

(1) 有关负责人资历：企业负责人应当具有从事通信建设或者管理工作的经历，并具有中级以上(含中级)职称或者同等专业水平；企业技术负责人应当具有 3 年以上从事通信建设或者管理工作的经历，并具有中级以上(含中级)技术职称或者同等专业水平，已取得通信建设监理工程师资格。

(2) 工程技术、经济管理人员的要求：电信工程专业的通信建设监理工程师不少于 25 人，高级工程师或者具有同等专业水平的人员不少于 3 人，具有中级以上(含中级)经济系列职称或者同等专业水平的人员不少于 1 人，具有通信建设工程概预算资格证书的人员不少于 8 人。

(3) 注册资本：不少于人民币 50 万元。

(4) 业绩：企业近两年内完成 5 项投资额 300 万元以上的通信建设监理工程项目，但首次申请丙级资质的除外。

1.3.3　通信工程监理人员的资格管理

1. 通信建设监理人员的素质要求

(1) 总监理工程师的素质要求。

① 应取得通信建设监理工程师资格证书或全国注册监理工程师资格证书(通信专业毕业)，以及安全生产考核合格证书，且具有 3 年通信工程监理经验。

② 遵纪守法，遵守监理工作职业道德和企业各项规章制度。

③ 有较强的组织管理能力和协调沟通能力，善于听取各方面意见，能处理和解决监理工作中出现的各种问题。

④ 能管理项目监理机构的日常工作，工作认真负责。

⑤ 具有较强的安全生产意识，熟悉国家安全生产条例和施工安全规程。

⑥ 有丰富的工程实践经验和良好的品质，廉洁奉公，为人正直，办事公道，精力充沛，身体健康。

(2) 总监理工程师代表的素质要求。

① 应取得通信建设监理工程师资格证书或全国注册监理工程师资格证书(通信专业毕业)。

② 遵纪守法，遵守监理工作职业道德，服从组织分配。

③ 有较强的组织管理能力，能正确理解和执行总监理工程师安排的工作；在总监理工程师授权范围内，能管理项目监理机构的日常工作，善于协调各相关方的关系；能处理和解决监理工作中出现的各种问题。

④ 工作认真负责，能坚持工程项目建设监理的基本原则。

⑤ 具有较强的安全生产意识，熟悉国家安全生产条例和施工安全规程。

⑥ 身体健康，能胜任施工现场的监理工作。

(3) 专业监理工程师的素质要求。

① 应取得通信建设监理工程师资格证书或全国注册监理工程师资格证书(通信专业毕业)。

② 遵纪守法，遵守监理工作职业道德，服从组织分配。

③ 工作认真负责，能坚持工程项目建设监理的基本原则，善于协调各相关方的关系；掌握本专业的工程进度和质量控制方法，熟悉本专业工程项目的检测和计量，能处理本专业工程监理工作中的问题。

④ 具有组织、指导、检查和监督本专业监理员工作的能力。

⑤ 具有安全生产意识，熟悉国家安全生产条例和施工安全规程。

⑥ 身体健康，能胜任施工现场的监理工作。

(4) 监理员的素质要求。

① 遵纪守法，遵守监理工作职业道德，服从组织分配。

② 能正确填写监理表格，完成专业监理工程师交办的监理工作。

③ 熟悉本专业监理工作的基本流程和相关要求；能看懂本专业项目工程设计图纸和工艺要求；掌握本专业施工的检测和计量方法；能在专业监理工程师的指导下完成日常监理任务。

④ 具有安全生产意识，了解国家安全生产条例和施工安全规程。

⑤ 身体健康，能胜任施工现场的监理工作。

2. 监理人员的职责

(1) 总监理工程师的职责：

① 确定项目监理机构人员的分工和岗位职责；

② 主持编写项目监理规划，审批项目监理实施细则，并负责管理项目监理机构的日常工作；

③ 协助建设单位进行工程招标工作，进行投标人资格预审，参加开标、评标，为建设单位决策提出意见；

④ 参加合同谈判，协助建设单位确定合同条款；

⑤ 审查施工单位、分包单位的资质，并提出审查意见；

⑥ 签发工程开工令、停工令、复工令，审查竣工资料等；

⑦ 主持监理工作会议、监理专题会议，签发项目监理机构的文件和指令；

⑧ 审核、签署工程款支付证书和竣工结算；

⑨ 审查和处理工程变更；

⑩ 主持或参与工程质量事故的调查；

⑪ 组织编写并签发监理周(月)报、监理工作阶段报告、专题报告和监理工作总结；

⑫ 调解合同争议，处理费用索赔，审批工程延期；

⑬ 定期或不定期地巡视工地现场，及时发现和提出问题并进行处理；

⑭ 主持整理工程项目监理资料；

⑮ 参与工程验收。

(2) 总监理工程师代表的职责：

① 负责总监理工程师指定或交办的监理工作；

② 按总监理工程师的授权，行使总监理工程师的部分职责和权力。

总监理工程师不得委托总监理工程师代表的工作有：主持编写项目监理规划，审批项目监理实施细则；签发工程开工、复工报审表，工程暂停令，工程款支付证书，工程项目的竣工报验单；审核签认竣工结算；调解建设单位与施工单位的合同争议，处理索赔，审批工程延期。

(3) 专业监理工程师的职责：

① 负责编制本专业监理实施细则；

② 负责本专业监理工作的具体实施；

③ 组织、指导、检查和监督监理员的工作；

④ 检查工程的关键部位，不合格的及时签发监理通知单，限令施工单位整改；

⑤ 核查抽检进场器材、设备报审表，核检合格予以签认；

⑥ 对施工组织设计(方案)报审表、分包单位资格报审表、完工报验申请表提出审查意见并签字。

⑦ 负责本专业监理资料的收集、汇总及整理，参与编写监理周(月)报；

⑧ 定期向总监理工程师提交监理工作实施情况报告，将重大问题及时向总监理工程师汇报和请示；

⑨ 审查竣工资料，负责分项工程预验及隐蔽工程验收；

⑩ 负责本专业工程计量工作，审核工程计量的数据和原始凭证。

(4) 监理员的职责：

① 在专业监理工程师的指导下开展现场监理工作；

② 对进入现场的人员、材料、设备、机具、仪表的情况进行观测并做好检查记录；

③ 实施旁站和巡视，对隐蔽工程进行随工检查签证；

④ 直接获取或复核工程计量的有关原始数据并签证；

⑤ 针对施工现场发现的质量、安全隐患和异常情况，应及时提醒施工单位，并向监理工程师汇报；

⑥ 做好监理日记，如实填报监理原始记录。

(5) 信息资料员的职责：

① 收集工程各种资料和信息，及时向总监理工程师汇报；

② 整理档案资料，负责工程档案的归档；

③ 向建设单位递送监理周(月)报；

④ 负责与建设项目有关的文件收发。

 本章小结

本章主要介绍通信工程监理的基础知识，其中包括：① 通信工程监理的概念、监理单位与工程相关各方的关系、通信工程监理的业务范围、通信工程监理的工作方式；② 通信工程监理的主要工作内容、通信工程监理流程；③ 通信工程项目监理机构、通信工程监理企业的资质管理、通信工程监理人员的资格管理等。

通信工程监理是指具有相应资质的监理企业受工程项目建设单位的委托，依据国家有关工程建设的法律法规及经建设主管部门批准的工程建设文件、建设工程监理委托合同和其他建设工程合同，对建设工程实施专业化的监督管理。实行建设工程监理制度，目的在于完善建设工程管理，提高建设工程的投资效益和社会效益。

通信工程监理企业的资质等级分为甲级、乙级和丙级，甲级和乙级资质均设有电信工程专业和通信铁塔专业，丙级资质只设电信工程专业。

监理工程师应当按照工程监理规范的要求采取旁站、巡视、平行检验和见证等形式，对建设工程实施监理。

监理工作可概括为"四控制、两管理、一协调"，即质量控制、造价控制、进度控制、安全控制，合同管理、信息管理，组织协调。

课后习题

一、选择题

1. 某施工单位承建投资额为 2600 万元的移动通信工程建设，建设单位应委托资质等级为( )的监理单位。

A. 甲级   B. 乙级   C. 丙级   D. 以上皆不是

答案：B

2. 以下( )不是通信工程监理工程师的工作方式。

A. 旁站   B. 见证   C. 平行检验   D. 招标

答案：D

3. 以下( )属于总监理工程师的职责。

A. 签发开工令   B. 实施旁站

C. 填写监理日记   D. 抽检进场器材、设备报审表

答案：A

4. 以下( )属于监理员的职责。

A. 进行工程计量   B. 审查竣工资料，进行隐蔽工程验收

C. 验收检验批   D. 在专业监理工程师的指导下开展现场监理工作

答案：D

5. 通信工程监理是由( )开展的一种监督管理活动。

A. 施工单位   B. 监理单位   C. 勘查单位   D. 设计单位

答案：B

二、多选题

1. 以下( )是工程保修期阶段监理单位的监理内容。

A. 协助施工单位进行竣工验收，并审查工程结算

B. 审查施工单位的验收材料，督促施工单位整理合同文件和工程档案资料

C. 协助建设单位对造成工程质量缺陷的原因进行调查分析并确定责任归属

D. 保修期结束后协助建设单位结算工程保修金

答案：CD

2. 通信工程监理工作的"两管理"指的是( )。

A. 进度管理　　　　　B. 合同管理　　　　　C. 信息管理　　　　　D. 投资控制

答案：BC

3. 项目监理机构的监理人员应包含( )。

A. 总监理工程师　　　　　　　B. 专业监理工程师

C. 总监理工程师代表　　　　　D. 监理员

答案：ABCD

4. 甲级和乙级资质的通信工程监理企业均可承担的业务为( )。

A. 电信工程专业　　　　　　　B. 通信铁塔工程专业

C. 土建工程　　　　　　　　　D. 电气设备工程专业

答案：AB

5. 以下( )是施工阶段的监理内容。

A. 协助建设单位审核施工单位编写的开工报告

B. 检查工程使用的材料、构配件和设备的质量

C. 实施旁站监理，检查工程所需和施工质量

D. 参与设计方案的选定

答案：ABC

三、讨论题

1. 简述通信工程监理的概念。

2. 简述通信工程监理的业务范围。

3. 简述通信工程监理的工作内容。

4. 简述通信工程监理的工作方式。

5. 简述通信工程监理企业的资质等级。

6. 简述总监理工程师的职责。

7. 简述总监理工程师代表的职责。

8. 简述专业监理工程师的职责。

9. 简述监理员的职责。

10. 简述通信工程监理流程。

第2章   通信工程建设监理中的"四控制"

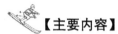

【主要内容】

本章主要介绍通信工程建设监理中的"四控制",其中包括通信工程造价控制的概念、构成、任务、内容;通信工程进度控制的概念、原则、要点和方法;通信工程质量控制的概念、分类、原则以及勘察设计阶段的质量控制、施工阶段的质量控制、保修阶段的控制;通信工程安全控制的概念、内容、安全事故处理。

【重点难点】

本章重点是"四控制"的主要内容;难点是通信工程质量控制。

2.1   通信工程造价控制

2.1.1   通信工程造价控制概述

1. 工程造价

1) 工程造价的概念

从投资者的角度分析,工程造价是工程项目按照确定的建设内容、建设规模、建设标准、功能要求和使用要求等,全部建成并验收合格交付使用所需的全部费用,一般指一项工程预计开支或实际开支的全部固定资产投资费用。工程造价与建设工程项目的固定资产投资在量上是等同的。

从市场交易的角度分析,工程造价是指工程价格,即为建成一项工程,预计或实际在土地市场、设备市场、技术劳务市场以及工程承发包市场等交易活动中所形成的建筑安装工程和建设工程总价格。

工程造价是项目决策的依据,是制定投资计划和控制投资规模的依据,是筹集建设资金的依据,是评价投资效果的重要指标,也是合理分配利益和调整产业结构的手段。工程建设的特点决定了工程造价具有大额性、个别性、动态性、层次性、兼容性等特点,工程造价的特点决定了工程计价具有单件性、多次性、组合性、方法多样性、依据复杂性等特征。

工程造价与建设项目投资不同，工程造价是指建设项目投资构成中的固定资产部分，建设项目投资一般是指进行某项工程建设花费的全部费用，包括形成工程项目固定资产的建设投资和再生产所需的流动资金(铺底流动资金)投资。

2) 工程造价的构成

我国现行工程造价的构成如图 2-1 所示。

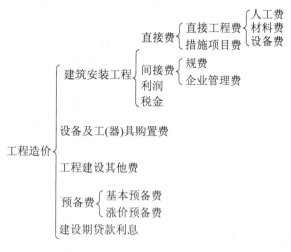

图 2-1　工程造价的构成

2. 工程造价控制

1) 工程造价控制的概念

工程造价控制就是在投资的决策阶段、设计阶段、施工阶段和工程结算阶段，把工程造价控制在批准的投资限额以内，随时纠正发生的偏差，保证实现项目的投资目标，以求在建设工程中合理使用人力、物力、财力，取得较好的投资效益和社会效益。工程造价控制要求工程造价的计价与控制必须从立项就开始，直至工程竣工为止。工程造价控制过程如图 2-2 所示。

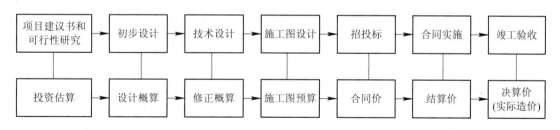

图 2-2　工程造价控制过程示意图

2) 工程造价控制的任务

(1) 控制目标。随着工程建设项目的推进，工程造价控制目标分阶段设置。具体地讲，投资估算应是建设工程设计方案选择的工程造价控制目标；设计概算和修正概算应是进行技术设计和施工图设计的工程造价控制目标；施工图预算或建筑安装工程承包合同价则是施工阶段的工程造价控制目标。各个阶段的目标有机联系、相互制约、相互补充，前者控制后者，后者补充前者，共同构成工程造价控制的目标体系。

(2) 控制重点。工程造价控制贯穿于项目建设的全过程，但必须突出重点。对项目投资影响最大的阶段是约占工程建设周期 1/4 的技术设计结束前的工作阶段。初步设计阶段对项目投资影响的可能性为 75%～95%；技术设计阶段对项目投资影响的可能性为 35%～75%；施工图设计阶段对项目投资影响的可能性则为 5%～35%。显然，工程造价控制的关键就在于施工前的投资决策和设计，而在项目的投资决策确定后，工程造价控制的关键就在于设计。

(3) 控制措施。对工程造价的有效控制可从组织、技术、经济、合同与信息管理等方面采取措施。组织措施包括明确工程项目组织结构，明确工程造价控制的人员及其任务，明确管理职能分工；技术措施包括重视设计的多方案选择，严格审查与监督初步设计、技术设计、施工图设计、施工组织设计，深入技术领域研究节约投资的可能性；经济措施包括动态地比较项目投资的实际值和计划值，严格审核各项费用支出，采取节约投资的奖励措施等。技术与经济相结合是工程造价控制最有效的手段。

2.1.2 通信工程造价控制的内容

1. 设计阶段造价控制

1) 设计阶段造价控制的任务

工程造价控制贯穿于项目建设的全过程，而在设计阶段控制工程造价效果最显著，即控制工程造价的关键在设计阶段。在设计阶段，监理单位造价控制的主要任务是通过收集建设工程投资的相关资料和数据，协助业主制定建设工程造价的目标规划；开展技术经济分析等活动，协调和配合设计单位，力求使设计投资合理化；审核概(预)算，提出改进意见，优化设计，最终满足业主对建设工程造价的经济性要求。

监理工程师在设计阶段的主要工作包括对建设工程总投资进行论证，确认其可行性；组织设计方案遴选或进行设计招标，协助业主确定对造价控制有利的设计方案；伴随设计各阶段的成果输出，制定建设工程造价控制目标的划分系统，为本阶段和后续阶段造价控制提供依据；在保证设计质量的前提下，协助设计单位开展限额设计工作；编制本阶段的资金使用计划，并进行付款控制；审查工程概算、预算，在保证建设工程安全性、可靠性、适用性的基础上，使得概算不超估算，预算不超概算；进行设计挖潜，节约投资；对设计进行技术经济分析、比较、论证，寻求一次性投资少而经济性好的设计方案等。

2) 设计方案优选

设计方案优选是提高设计经济性和合理性的重要途径。设计方案优选就是通过对工程设计方案进行技术经济分析，从若干设计方案中选出最佳方案的过程。在设计方案选择时，须综合考虑各方面因素，对方案进行全方位技术经济分析与比较，同时结合当时当地的实际条件，选择功能完善、技术先进、经济合理的设计方案。设计方案选择最常用的方法是比较分析法。

3) 设计概算审查

设计概算是初步设计文件的重要组成部分，是在初步设计或扩大初步设计阶段，在投资估算的控制下，由设计单位按照设计要求概略地计算拟建工程从立项开始到交付使用为止全过程所发生的建设费用的文件。设计概算编制工作较为简单，在精度上没有施工图预算准确。采用三阶段设计的建设项目，扩大初步设计阶段必须编制修正概算；采用两阶段设计的建设项目，初步设计阶段必须编制设计概算；采用一阶段设计的建设项目应编制施工图预算，但施工图预算应反映全部概算费用。设计概算分为单位工程概算、单项工程综合概算、建设项目总概算三级。各级概算之间的相互关系如图 2-3 所示。

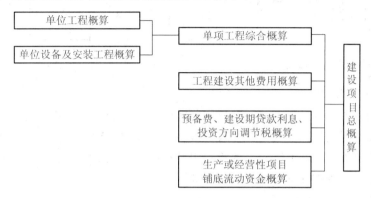

图 2-3　设计概算的三级概算关系图

　　设计概算审查主要包括审查设计概算的编制依据和审查概算编制深度。其中审查设计概算的编制依据主要是审查设计概算编制的合法性、时效性和适用范围。而审查概算编制深度主要是通过审查编制说明、概算编制的完整性和概算的编制范围来实现的。

　　工程概算审查的内容主要包括：审查建设规模、建设标准、配套工程、设计定员等是否符合原批准的可行性研究报告或立项批文的标准；审查编制方法、计价依据和程序是否符合现行规定；审查工程量是否正确；审查材料用量和价格；审查设备规格、数量和配置是否符合设计要求，是否与设备清单相一致；审查建筑安装工程各项费用的计取是否符合国家或地方有关部门的现行规定等。

　　4) 施工图预算审查

　　施工图预算是施工图设计预算的简称，又叫设计预算。它是由设计单位或造价咨询单位在施工图设计完成后，根据施工图设计图纸、现行预算定额、费用定额以及地区设备、材料、人工、施工机械台班等预算价格编制和确定的建筑安装工程造价文件。

　　施工图预算包括单位工程施工图预算、单项工程施工图预算和建设项目总预算。首先根据施工图设计文件，现行预算定额，费用定额以及人工、材料、设备、机械台班等预算价格编制单位工程施工图预算；然后汇总所有单位工程施工图预算，成为单项工程施工图预算；最后汇总所有单项工程施工图预算，便是最终的建设项目建筑安装工程的总预算。建设项目的组成如图 2-4 所示。单位工程预算包括建筑工程预算和设备安装工程预算。施工图预算编制的一般程序如图 2-5 所示。

　　审查施工图预算的重点应该放在工程量计算、预算单价套用、设备材料预算价格取定是否准确，各项费用标准是否符合现行规定等方面，主要审查工程量、单价和其他有关费用。

　　施工图预算的审查方法主要有逐项审查法(又称全面审查法)、标准预算审查法、分组计算审查法、对比审查法、筛选审查法、重点抽查法、利用审查法和分解对比审查法。

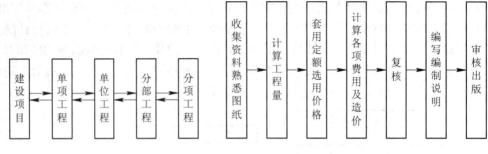

图 2-4   建设项目的组成   图 2-5   施工图预算编制的一般程序

2. 施工阶段造价控制

建设工程的投资主要发生在施工阶段，在这一阶段需要投入大量的人力、物力、财力等，是工程项目建设费用消耗最多的时期，投资浪费的可能性比较大。因此，对施工阶段造价控制应给予足够的重视，监理单位应督促承包单位精心组织施工，挖掘各方面潜力，节约资源消耗，这样仍可以收到明显的节约投资的效果。

1) 施工阶段造价控制的任务和措施

(1) 施工阶段造价控制的主要任务是通过工程付款控制、工程变更费用控制、预防并处理好费用索赔、挖掘设计潜力节约投资等方法，来努力实现实际发生的费用不超过计划投资的目的。

(2) 对施工阶段造价的控制仅仅靠控制工程款的支付是不够的，应从组织、经济、技术、合同等多方面采取措施，控制投资。

① 组织措施：在项目监理机构中落实造价控制的人员、任务分工和职能分工，编制本阶段造价控制的工作计划和详细的工作流程图。

② 经济措施：审查资金使用计划，确定、分解造价控制目标；进行工程计量；复核工程付款账单，签发付款证书；做好投资支出的分析与预测，经常或定期向建设单位提交投资控制及存在问题的分析报告；定期进行投资实际发生值与计划目标值的比较，发现偏差，分析原因，采取措施；对工程变更的费用做出评估，并就评估情况与承包单位和建设单位进行协调；审核工程结算。

③ 技术措施：对设计变更进行技术经济比较，严格控制设计变更；继续寻找通过设计挖潜节约投资的可能性；从造价控制的角度审核承包单位编制的施工组织设计，对主要施工方案进行技术经济分析。

④ 合同措施：注意积累工程变更等有关资料和原始记录，为正确处理可能发生的索赔提供依据；参与处理索赔事宜；参与合同修改、补充工作，着重考虑对投资的影响。

2) 施工阶段造价控制的主要工作内容

(1) 参与设计图纸会审，提出合理化建议。

(2) 从造价控制的角度审查承包方编制的施工组织设计，对主要施工方案进行技术经济分析。

(3) 加强工程变更签证的管理，严格控制、审定工程变更，设计变更必须在合同条款的约束下进行，任何变更不能使合同失效。

(4) 实事求是、合理地签认各种造价控制文件资料，不得重复或与其他工程资料相矛盾。

(5) 建立月完成量和工作量统计表，对实际完成量和计划完成量进行比较、分析，做好进度款的控制。

(6) 收集有现场监理工程师签认的工程量报审资料，作为结算审核的依据。

(7) 收集经设计单位、施工单位、建设单位和总监理工程师签认的工程变更资料，作为结算审核的依据，防止施工单位在结算审核阶段只提供对施工方有利的资料，造成不应发生的损失。

3) 工程计量

工程计量既是控制项目投资支出的关键环节，又是约束承包商履行合同义务的手段。工程计量一般只对工程量清单中的全部项目、合同文件中规定的项目和工程变更项目进行计量。工程计量的依据一般有质量合格证书、工程量清单前言、技术规范中的"计量支付"条款和设计图纸。对于竣工工程，并不是全部进行计量，而只是针对质量达到合同标准的竣工工程，由专业监理工程师签署报验申请表，质量合格才能予以计量。未经总监理工程师签认的工程变更，承包单位不得实施，项目监理机构不得予以计量。

4) 施工阶段变更价款的确定

工程变更发生后，承包人应在工程设计变更确定后 14 天内，提出变更工程价款的报告，经建设单位确认后调整合同价款。如承包人未提出适当的变更价格，则发包人可根据所掌握的资料决定是否调整合同价款及调整的具体数额。收到变更价款报告的一方应予以确认或提出协商意见，否则视为变更工程价款报告已被确认。

变更价款的确定方法：合同中已有适用于变更工程价格的条款，按合同已有的价格变更条款变更合同价款；合同中只有类似于变更工程价格的条款，可以参照类似价格变更条款变更合同价款；合同中没有适用或类似于变更工程价格的条款时，由承包人或发包人提出适当的变更价格，经建设单位确认后执行。

总监理工程师应就工程变更费用与承包单位和建设单位进行协商，在双方未能达成协议时，项目监理机构可提出一个暂定的价格，作为临时支付工程款的依据。该工程款最终结算时，应以建设单位与承包单位达成的协议为依据。

5) 施工阶段的索赔控制

索赔是工程承包合同履行中，当事人一方因对方不履行或不完全履行既定的义务，或者由于对方的行为使权利人受到损失时，要求对方补偿损失的权利。索赔是双向的，不仅承包人可以向发包人索赔，发包人同样也可以向承包人索赔。只有实际发生了经济损失或权利损害，一方才能向对方索赔。索赔是一种未经对方确认的单方行为，对另一方尚未形成约束力，它最终必须要通过确认(如双方协商、谈判、调解或仲裁、诉讼)后才能实现。

3. 工程结算阶段造价控制

1) 工程预付款

施工企业承包工程一般都实行包工包料，这就需要有一定数量的备料周转金。在工程承包合同条款中，一般要明文规定发包人在开工前拨付给承包人一定限额的工程预付款。此预付款构成施工企业为该工程项目储备主要材料、结构件所需的流动资金。包工包料工程的预付款按合同约定拨付，原则上预付比例不低于合同金额的 10%，不高于合同金额的 30%，对重大工程项目，按年度工程计划逐年预付。

按照《建设工程施工合同(示范文本)》关于预付款做出的约定，预付时间应不迟于约定的开工日期前 7 天。发包人不按约定预付，承包人应在约定预付时间 7 天后向发包人发出要求预付的通知，发包人收到通知后仍不能按要求预付，承包人可在发出通知 7 天后停止施工，发包人应从约定预付之日起向承包人支付应付款的贷款利息，并承担违约责任。工程预付款仅用于承包人支付施工开始时与本工程有关的动员费用。若承包人滥用此款，则发包人有权立即收回。

2) 工程进度款

按照《建设工程施工合同(示范文本)》关于工程款支付做出的约定，在确认计量结果后 14 天内，发包人应向承包人支付工程款(进度款)。发包人超过约定的支付时间不支付工程款(进度款)的，承包人可向发包人发出要求付款的通知，发包人在收到承包人通知后仍不能按要求付款，可与承包人协商签订延期付款协议，经承包人同意后可延期支付。协议应明确延期支付的时间和从工程计量结果确认后第 15 天起计算应付款的贷款利息。

工程进度款的支付一般按当月实际完成工程量进行结算，工程竣工后办理竣工结算。以按月结算为例，工程进度款支付的步骤如图 2-6 所示。

图 2-6　工程进度款支付的步骤

在委托监理的项目中，工程进度款的支付首先应由承包人提交《工程款支付申请表》并附工程量清单和计算方法；然后项目监理机构予以审核，由总监理工程师签发《工程款支付证书》；最后发包人支付工程进度款。

3) 工程竣工结算

工程竣工结算是指施工企业按照合同规定的内容完成所承包的全部工程，经验收质量合格，并符合合同要求之后，向发包单位进行的最终工程价款结算。

单位工程竣工结算由承包人编制，发包人审查；实行总承包的工程，由具体承包人编制，在总包人审查的基础上，发包人审查。发包人可直接进行审查，也可以委托监理单位或具有相应资质的工程造价咨询机构进行审查。工程竣工结算的审查一般从以下几方面入手：核对合同条款；检查隐蔽验收记录；落实设计变更签证；按图核实工程数量；认真核实单价；注意各项费用计取；防止各种计算误差。

4) 工程保修金

工程保修金一般为施工合同价款的 3%，在专用条款中具体规定。发包人在质量保修期满后 14 天内，将剩余保修金和利息返还承包人。

5) 工程竣工决算

工程竣工决算是以实物数量和货币指标为计量单位，综合反映竣工项目从筹建开始到项目竣工交付使用为止的全部建设费用、投资效果和财务情况的总结性文件，是竣工验收报告的重要组成部分。竣工决算是正确核定新增固定资产价值，考核分析投资效果，建立健全经济责任制度的依据，是反映建设项目实际造价和投资效果的文件。

2.2　通信工程进度控制

2.2.1　通信工程进度控制概述

1. 通信工程进度控制的概念

通信工程进度控制是指在通信建设工程项目的实施过程中，通信建设监理工程师按照国家、通信行业相关法规、规定及合同文件中赋予监理单位的权力，运用各种监理手段和方法，督促承包单位采用先进合理的施工方案和组织形式，制定进度计划、管理措施，并在实施过程中经常检查实际进度是否符合计划进度，分析出现偏差的原因，采取补救措施，并调整、修改原计划，在保证工程质量、投资的前提下，实现项目进度计划。

通信工程的造价控制、进度控制、质量控制、安全控制是监理工作的四大目标，简称"四控制"，这四项控制之间是互相依赖、互相制约的关系。进度加快，可以使工程项目早日投产，早日收回投资；但进度的加快可能需要增加投资，也可能会影响工程质量；反之，质量控制严格可能会影响工程进度，但如果工程质量控制得好，避免返工，又可以加快工程进度。因此，监理工程师在工作中要对这四大控制系统全面地考虑，正确处理好进度、质量、投资之间的关系。

2. 通信工程进度控制的原则

(1) 动态控制原则。进度按计划进行时，计划的实现就有保证，否则会产生偏差。偏差产生时，应采取措施，尽量使工程项目按调整后的计划继续进行。但在新的因素干扰下，又有可能产生新的偏差，需继续控制，进度动态控制就是采用这种动态循环的控制方法，保证工程按时完成。

(2) 系统原则。为实现工程项目的进度控制，首先应编制工程项目的各种计划，包括进度和资源计划等。计划的对象由大到小，计划的内容从粗到细，形成工程项目的计划系统。工程项目涉及各个相关主体、各类不同人员，需要建立组织体系，形成一个完整的工程项目实施组织系统。为了保证工程项目的进度，自上而下都应设置专门的职能部门或人员，负责工程项目的检查、统计、分析及调整等工作。当然，不同的人员担负不同的进度控制责任，分工协作，形成一个纵横相连的工程项目进度控制系统。所以，无论是控制对象，还是控制主体，无论是进度计划，还是控制活动，都是一个完整的系统。进度控制实际上就是用系统的理论和方法解决系统问题。

(3) 封闭循环原则。工程项目进度控制的全过程是一种循环性的例行活动，其中包括编制计划、实施计划、检查、比较与分析、确定调整措施和修改计划。从而形成了一个封闭的循环系统，进度控制过程就是这种封闭循环中不断运行的过程。

(4) 信息原则。信息是工程项目进度控制的依据，工程项目的进度计划信息从上到下传递到实施工程项目的相关人员，以使计划得以贯彻落实；工程项目的实际进度信息则自下而上反馈到各有关部门和人员，以供相关人员分析并做出决策和调整，使进度计划仍能符合预定工期目标。为此需要建立信息系统，以便不断地迅速传递和反馈信息，所以工程项目进度控制的过程也是一个信息传递和反馈的过程。

(5) 弹性原则。工程项目一般工期长且影响因素多，这就要求计划编制人员能根据经验估计各种因素出现的可能性和影响程度，并在确定进度目标时分析目标的风险，从而给进度计划留有余地。在控制工程项目进度时，可以利用这些弹性因素缩短工作的持续时间，或改变工作之间的搭接关系，以使工程项目最终能实现工期目标。

(6) 网络计划技术原则。网络计划技术不仅可以用于编制进度计划，而且可以用于计划的优化、管理和控制。网络计划技术是一种科学且有效的进度管理方法，是工程项目进度控制，特别是复杂工程项目进度控制的完整计划管理和分析计算的理论基础。

2.2.2　通信工程进度控制的要点和具体方法

1. 通信工程施工阶段进度事前控制的要点和具体方法

1) 通信工程施工阶段进度事前控制的要点

通信工程施工阶段进度事前控制的要点主要是计划。施工阶段是工程实体的形成阶段，对其进度进行控制是整个工程项目建设进度控制的重点。使施工进度计划与工程项目建设总目标一致，并跟踪检查施工进度计划的执行情况，必要时对施工进度计划进行调整，对于工程项目建设总目标的实现具有重要意义。监理工程师在施工阶段进度事前控制中的任务就是在满足工程项目建设总进度目标要求的基础上，根据工程特点，确定计划目标，明确各阶段计划控制的任务。

为保证工程项目能按期完成工程进度预期目标，需要对施工进度总目标从不同角度层层分解，形成施工进度控制的目标体系，从而作为实施进度控制的依据。

(1) 按工程项目组成分解，确定各单项工程的开工和完工日期。各单项工程的进度目标在工程项目建设总进度计划及建设工程年度计划中都有体现。在施工阶段应进一步明确各单项工程的开工和完工日期，以确保施工总进度目标的实现。

(2) 按施工单位分解，明确分工条件和承包责任。在一个单项工程中有多个施工单位参加施工时，应按施工单位将单项工程的进度目标分解，确定出各分包单位的进度目标，列入分包合同，以便落实分包责任，并根据各专业工程交叉施工的方案和前后衔接的条件，明确不同施工单位工作面交接的条件和时间。

(3) 按施工阶段分解，划定进度控制的分界点。根据工程项目的特点，应将施工分成几个阶段，每一阶段的起止时间都要有明确的标志。特别是不同单位承包的不同施工阶段之间更要明确划定时间分界点，以此作为形象进度的控制标志，从而使单项工程的完工目标具体化。

(4) 按计划期分解，组织综合施工。将工程项目的施工进度控制目标按年度、季度、月(旬)进行分解，并用实物工程量或形象进度表示，将更有利于监理工程师明确计划中对施工单位的进度要求。同时，还可以据此监督实施，检查完成情况。计划期越短，进度目标越细，进度跟踪就越及时，发生进度偏差时也就越能有效地采取措施予以纠正。这样，就形成一个有计划有步骤协调施工、长期目标对短期目标自上而下逐级控制、短期目标对长期目标自下而上逐级保证、逐步趋近进度总目标的局面，最终达到工程项目按期竣工并交付使用的目的。

2) 通信工程施工阶段进度事前控制的具体方法

监理工程师应对施工单位提交的施工进度计划进行审核,施工进度计划的种类分为以下几种。

(1) 按计划期限划分。

① 中长期计划:对工程项目建设各阶段的工作进程做出纲要性的安排,适用于建设期限较长(3 年以上)的计划编制。

② 短期计划:对工程项目建设的某一阶段做出较为细致的安排,适用于建设期限较短(1~3 年)的计划编制。

③ 年度计划:按建设年度编制的进度计划,结合中长期和短期计划确定进度目标安排。

④ 季度计划:按照年度计划确定的进度目标,结合季度的具体条件进行计划安排。

⑤ 月、旬计划:是年、季计划的具体化,是组织日常生产活动的依据。

⑥ 周计划:通信工程一般工期较短,必要时可制订周计划。

(2) 按工程项目的建设阶段划分。

① 施工阶段进度计划:根据施工合同提出的进度目标,编制施工阶段的进度计划,明确建设工程项目、单项工程、单位工程的施工期限、竣工时间等,由施工单位编制,监理工程师批准。

② 保修阶段工作计划:根据合同约定的保修期,提出具体的实施性工作计划,由施工单位编制,监理工程师批准。

③ 试运行阶段工作计划:对于通信设备安装工程可依据合同约定的试运行阶段,由施工单位提出工作计划,监理工程师批准。

(3) 按工程项目编制的范围划分。

① 工程项目总体控制计划:根据合同约定的整个建设工程项目进度计划的目标,提出具体实施性方案。

② 单项或单位工程进度计划:根据总体进度计划的目标,对某一单项工程或单位工程进行进度计划的安排。

(4) 按进度计划的表现形式划分。

① 横道图:一般用横坐标表示时间,纵坐标表示工程项目或工序,进度线为水平线条。适用于编制总体性的控制计划、年度计划、月度计划等。

② 垂直图(斜线图):用横坐标表示时间,纵坐标表示作业区段,进度线为不同斜率的斜线。适用于编制线型工程的进度计划。

③ 网络图:以网络形式表示计划中各工序的持续时间、相互逻辑关系等的计划图表。适用于编制实施性和控制性的进度计划。

施工进度审核的主要内容:

① 总目标的设置是否满足合同规定要求,各项分目标是否与总目标保持协调一致,开工日期、竣工日期是否符合合同要求。

② 施工顺序安排是否符合施工程序的要求。

③ 编制施工总进度计划时有无漏项,是否能保证施工质量和安全的需要。

④ 劳动力、原材料、配构件、机械设备的供应计划是否与施工进度计划相协调,且建设资源使用是否均衡。

⑤ 建设单位的资金供应是否满足施工进度的要求。

⑥ 施工进度计划与设计图纸的供应计划是否一致。

⑦ 施工进度计划与业主供应的材料和设备，特别是进口设备到货是否衔接。

⑧ 各专业施工计划是否相互协调。

⑨ 实施进度计划的风险是否分析清楚，是否有相应的防范对策和应变预案。

⑩ 各项保证进度计划实现的措施是否周到、可行、有效。

2. 施工阶段进度事中控制的要点和具体方法

1) 施工阶段进度事中控制的要点

(1) 监督实施。根据监理工程师批准的进度计划，监督施工单位组织实施。

(2) 检查进度。施工单位在进度计划执行过程中，监理工程师随时按照进度计划检查实际工程进展情况。

(3) 分析偏差。监理工程师将实际进度与原有进度计划进行比较，分析实际进度与计划进度两者出现偏离的原因。

(4) 处理措施。监理工程师针对分析出的原因，研究纠偏的对策和措施，并督促施工单位实施。

2) 施工阶段进度事中控制的具体方法

(1) 协助施工单位实施进度计划。监理工程师要随时了解施工进度计划实施中存在的问题，并帮助施工单位予以解决，特别是解决施工单位无力解决的内外关系协调问题。

(2) 进度计划实施过程跟踪。这是施工期间进度控制的经常性工作，要及时检查施工单位报送的进度报表和分析资料。同时还要派进度管理人员实地检查，对所报送的已完成工程项目及工程量进行核实，杜绝虚报现象。

(3) 进度偏差的调整。在对工程实际进度资料进行整理的基础上，监理工程师应将其与计划进度相比较，以判断实际进度是否出现偏差。如果出现进度偏差，监理工程师应进一步分析偏差对进度控制目标的影响程度及其产生的原因，以便研究对策，提出纠偏措施。必要时还应对后期工程进度计划做适当的调整。

(4) 组织协调工作。监理工程师应组织不同层次的进度协调会，以解决工程施工中影响工程进度的问题，如各施工单位之间的协调、工程的重大变更、前期工程进度完成的情况、本期工程及预计影响工期的问题、下期工程进度计划等。进度协调会召开的时间可根据工程的具体情况而定，一般每周一次，如遇施工单位较多、交叉作业频繁以及工期紧迫时可增加召开次数。如有突发事件，监理工程师还可通过发布监理通知解决紧急情况。

(5) 签发进度款的付款凭证。对施工单位申报的已完分项工程量进度核实，在通过质量管理工程师检查验收后，总监理工程师签发进度款的付款凭证。

(6) 审批进度拖延。造成工程进度拖延的原因有两个方面：一是施工单位自身的原因；二是施工单位以外的原因。前者所造成的进度拖延称为工程延误；而后者所造成的进度拖延称为工程延期。

① 工程延误。当出现工程延误时，监理工程师有权要求施工单位采取有效措施加快施工进度。如果经过一段时间后，实际进度没有明显改进，仍然拖后于计划进度，而且影响工程按期竣工，那么监理工程师应要求施工单位修改进度计划，并提交监理工程师重新确认。

监理工程师对修改后的施工进度计划的确认并不是对工程延期的批准，只是要求施工单位在合理的状态下施工。因此，监理工程师对进度计划的确认并不能解除施工单位应负的一切责任，施工单位需要承担赶工所产生的全部额外开支和误期损失赔偿。

② 工程延期。由于施工单位以外的原因造成工程拖延，施工单位有权提出延长工期的申请。监理工程师应根据合同的规定，审批工程延期时间。经监理工程师核实批准的工程延期时间应纳入合同工期，作为合同工期的一部分。即新的合同工期应等于原定的合同工期加上监理工程师批准的工程延期时间。

监理工程师是否批准施工进度的拖延为工程延期，对施工单位和建设单位都十分重要。如果施工单位得到监理工程师批准的工程延期，不仅可以不赔偿由于工期延误而支付的误期损失费，而且还可以得到费用索赔。监理工程师应按照合同有关规定，公正地区分工程延误和工程延期，并合理地批准工程延期的时间。

(7) 向建设单位提交进度报告表。监理工程师应随时整理进度资料，做好工程记录，并定期向建设单位提交工程进度报告表，为建设单位了解工程的实际进度提供依据。

3. 施工阶段进度事后控制的要点和具体方法

1) 施工阶段进度事后控制的要点

事后进度控制是指完成整个施工任务后进行的进度控制工作，其控制要点是根据实际施工进度及时修改和调整监理工作计划，以保证下一阶段工作的顺利开展。

2) 施工阶段进度事后控制的具体方法

(1) 督促施工单位整理技术资料。监理工程师要根据工程进展情况，督促施工单位及时整理有关技术资料。

(2) 协助建设单位组织竣工的初验收。审批施工单位在工程竣工后，自行预检并提交初验申请报告，协助建设单位、组织设计单位和施工单位进行竣工的初步验收，并提出竣工验收报告。

(3) 整理工程进度资料。对工程进度资料进行收集、归类、编目和建档，作为其他工程项目进度控制的参考。

(4) 工程移交。监理工程师督促施工单位办理工程移交手续。

2.3　通信工程质量控制

2.3.1　通信工程质量控制概述

1. 通信工程质量控制的概念

通信工程质量控制就是致力于满足工程的质量要求，即通过采取一系列的措施、方法和手段来保证工程质量达到工程合同、设计文件、规程规范的标准。

2. 通信工程质量控制的分类

(1) 政府的质量控制。它主要是以法律、法规为依据，通过工程报建、施工图文件审查、施工许可、材料和设备准用、工程质量监督、重大工程验收备案等主要环节进行的，如地方技术监督局、锅检所对"锅、容、管、特"监督检查告知手续的办理，环保局的环保审查验收以及集团公司质量监督站对工程质量的监督行为等。

(2) 勘察设计单位的质量控制。它是以法律、法规及合同为依据，对勘察设计的整个过程进行控制，包括勘察设计程序、设计进度、费用及成果文件所包含的功能和使用价值，以满足建设单位对勘察设计质量的要求。建设工程实体质量的安全性、可靠性在很大程度上取决于设计质量。

(3) 监理单位的质量控制。它主要是受建设单位的委托，代表建设单位对工程实施全过程进行质量监督和控制。按监理阶段的不同，监理单位的质量控制分为设计阶段监理、施工阶段监理。目前我国以施工阶段监理为主。

(4) 施工单位的质量控制。它是以工程合同、设计图纸和技术规范为依据，对施工准备阶段、施工阶段、竣工验收阶段等施工全过程的工作质量和工程质量进行控制，以期达到合同文件规定的质量标准。

(5) 建设单位的质量控制。它主要是通过设计方案遴选、工程招标、设备材料供应商的确定、勘察设计单位、施工单位和监理单位的选择、工程开工前的报建手续办理、工程过程的质量控制、竣工验收等环节，对建设项目进行全过程的质量控制。

3. 通信工程质量控制的原则

(1) 全过程的质量控制。通信工程监理质量控制可分为工程建设的勘察设计阶段、施工准备阶段、施工阶段和保修阶段等过程。根据委托监理合同约定，监理机构可对全过程实施监理，也可对其中某个阶段实施监理。各阶段的过程又可分解为各自不同的子过程，它们之间既有联系，又相互制约，监理人员应对工程建设的全过程实行严格的控制。

(2) 生产要素的控制。监理人员应对工程项目建设各阶段的人、机、料、法、环等生产要素实施全方位的质量控制。

① 人：工程建设的决策者、组织者、管理者和操作者。与工程项目相关的各单位、各部门、各岗位人员的工作质量，都直接或间接地影响工程质量。为此，监理人员在工程质量控制中，要以人为核心，重点控制人的素质和行为，充分发挥人的积极性和创造性，以人的工作质量来保证工程质量。

② 机：施工用的工具、机械设备、仪表和车辆等。

③ 料：施工安装的通信设备、材料等。

④ 法：施工的工艺方法，施工单位编制的施工组织设计，其施工方案、劳动组织、作业方法、安全措施是否先进合理，都将对工程质量产生重大的影响。

⑤ 环：对工程质量起重要作用的环境因素，包括作业环境(机房土建、市电引入、防雷、保护接地，工程沿线的地形、地质、气象、障碍等条件)和管理环境(相关批文、合同、协议、管理制度等条件)。把握作业环境、加强环境管理是控制工程质量的重要保证。

(3) 主动控制与被动控制相结合。

主动控制是指根据质量目标，分析目标偏离的可能性，提前采取各项预防措施，以使目标得以实现的一种控制类型。事前控制属于主动控制。

被动控制是指在实际工作中对出现的质量偏差产生的原因进行分析，研究制定纠偏措施，以使偏差得以纠正，工程实施恢复到原来的目标状态，或虽然不能恢复到目标状态，但可以减少偏差的严重程度的一种控制类型。事中控制和事后控制属于被动控制。

主动控制与被动控制必须相结合，缺一不可。影响工程质量的因素比较多，只采取主动控制也可能发生偏差，不能实现预期的质量目标。为了保证工程项目顺利完成，当出现不合格工序或单位工程时，必须采取被动控制的措施。

主动控制的主要措施：编写监理规划，拟订质量控制目标和措施；审查工程设计文件；审查施工单位提交的施工组织设计中的质量目标和技术措施；核查总承包单位的施工资质，审查分包单位的施工资质；审查特殊工种作业操作资格证书等；检查进入现场的施工机具、仪表的状况；检查工程作业环境，审查开工条件；工程设备和材料到达现场后组织相关单位和人员检验，未经监理工程师核验或经核验不合格的设备、材料不准在工程上使用。

被动控制的主要措施：未经监理工程师验收或经验收不合格的工序不予签认，施工单位不准进入下一道工序施工；监理工程师应对单项工程进行预验，对不合格项目必须责令施工单位整修或返工，直至达到合格；监理工程师应参加建设单位组织的工程竣工验收，并向建设单位提交工程质量的情况及评语。

(4) 执行质量标准。工程质量应符合合同、设计及规范规定的质量标准要求。通过质量检验并和质量标准对照，符合质量标准的才是合格，不符合质量标准的必须返工处理。

(5) 以科学为依据。在工程质量控制中，监理人员必须坚持科学，尊重科学，实事求是，以数据资料为依据，客观、公正地处理质量问题。

2.3.2 勘察设计阶段的质量控制

勘察设计阶段一般是从项目可行性研究报告经审批并由投资人做出决策后(简称立项后)开始，直至施工图设计完成并交给建设单位投入使用为止的阶段。从工程项目管理的角度来讲，勘察设计监理就是对勘察设计阶段的项目管理，是整个工程项目管理的重要组成部分，其核心任务是进行项目的质量、进度、造价三大目标的控制，以保障工程项目安全、可靠，提高其适用性和经济性。

1. 勘察设计阶段的质量控制流程

勘察设计阶段的质量控制流程如图 2-7 所示。

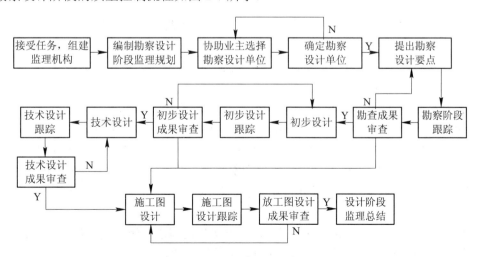

图 2-7　勘察设计阶段的质量控制流程图

2. 勘察设计阶段的质量控制内容

(1) 勘察阶段的质量控制。

① 协助建设单位搜集勘察设计所需的有关前期资料。

② 审核勘察实施方案，提出审核意见，重点审核其可行性。

③ 定期检查勘察工作的实施，控制其按勘察实施方案的程序和深度，设置关键点，对勘察关键点进行跟踪。检查现场作业人员是否严格按勘察工作方案及有关操作规程的要求开展工作；原始资料取得的方法、手段及仪器、设备的使用是否正确；表格的填写是否完整并经有关作业人员检查、签字。应设置报验点，必要时，应进行旁站监理；检查勘察单位收集的有关工程沿线地上、地下管线或建筑物等设施资料，以及地质、气象和水文资料，并保证勘察设计资料的真实、准确与完整。

④ 控制其按合同约定的期限完成。

⑤ 按有关文件的要求审查勘察报告的内容和成果，并进行验收。重点检查其是否符合委托合同及有关技术规范标准的要求，验证其真实性和准确性，提出书面验收报告。当工程规模大且复杂时，监理单位应协助建设单位组织专家对勘察成果进行评审。

(2) 初步设计阶段的质量控制。

① 定期检查初步设计工作的实施情况，控制其按初步设计实施方案的程序进行，并对初步设计的关键点进行跟踪。

② 控制初步设计的进度，要求设计单位根据合同约定提交初步设计文件。

③ 审查初步设计文件，审查设计方案的先进性、合理性，确认最佳设计方案，其深度应能满足施工图设计阶段的要求。设计文件着重审查以下几个方面：建设单位的审批意见和设计要求；网络拓扑结构、主要设备、材料规格程式选型、管线路由方案的技术先进性、合理性和实用性；是否满足建设法规、技术规范和功能要求；采用的新技术、新工艺、新材料、新设备是否安全可靠、经济合理；技术参数的先进合理性与环境协调程度，对环境保护要求的满足情况；设计概算的合理性和准确性，并提出书面审核意见；设计文件和图纸应有设计单位、设计人员的正式签字(章)。

④ 协助建设单位组织初步设计会审。

⑤ 依据会审意见，督促设计单位对设计文件进行修改。

(3) 技术设计阶段的质量控制。

① 定期检查技术设计方案的实施情况，控制其按技术设计实施方案的程序进行，对技术设计的关键点进行跟踪。

② 控制技术设计进度，要求设计单位按时提交技术设计文件。

③ 审查技术设计文件，提出书面审查意见，着重审查以下几个方面：技术设计的先进性、合理性、安全可靠性；确定工程技术经济指标；设计是否按照法律、法规和工程建设的强制性标准进行，防止因设计不合理导致生产安全事故的发生；修正工程概算的合理性和准确性，并提出书面审核意见；协助建设单位组织技术设计会审。

(4) 施工图设计阶段的质量控制。

① 督促设计单位按初步设计(技术设计)的方案和范围进行施工图设计，并及时检查和控制设计的进度，按委托设计合同约定的日期交付设计文件。

② 督促设计单位完善质量管理体系。

③ 进行设计质量跟踪检查，控制设计图纸的质量，并着重检查以下内容：设计标准、技术参数应符合设计规范要求；管线、设备、网络使用功能应满足工程的总体要求。

④ 审查施工图设计文件，提出审查意见。设计的内容和范围应符合初步设计(技术设计)要求；对初步设计(技术设计)进行全面细化、优化，使其可以指导施工；施工图预算编制合理，一般情况下不超出初步设计(技术设计)概算或修正概算。

(5) 编写勘察、设计阶段的监理工作总结。总结报告的主要内容包括工程概况；监理组织人员及投入的监理设施；监理合同履行情况；监理工作成效；实施过程中出现的问题及其处理情况和建议；工作照片(有需要时)。

(6) 整理归档监理资料。

勘察设计阶段的主要质量控制点如表 2-1 所示。

表 2-1　勘察设计阶段的主要质量控制点

序号	控制点	控制目标(要求)	监理方法
1	勘察设计资质、仪表、工作计划	资质和上岗证，有类似经历和业绩，人数符合要求	检查仪表、详尽审查方案
		仪表品种类型齐全，有检验合格证	
		工作计划内容具体详细、合理可行，符合合同要求，质量保证措施有效	
2	设计过程跟踪	投入的人员符合要求；严格按工作计划实施；工作记录要求详细、准确	巡视抽查
3	设计文件	勘察设计文件总体要求：勘察成果能够作为初步设计和施工图设计的依据，设计文件能指导施工	以设计规范标准和工程合同对照阅读检查，现场核对
		说明部分：工程概况、技术方案措施及总体要求，内容详尽	
		图纸：符合机房、网络、管线路由的实际，详尽具体，有责任人签字	
		概预算：符合相关规定，能作为工程结算的依据	
4	设计会审	会审前应有足够时间让相关参建方阅读审查；设计人员对会审的意见要做出说明，形成会议纪要，应按会议纪要进行修改	参加会议

2.3.3　施工阶段的质量控制

1. 施工阶段的质量控制流程

施工阶段的质量控制流程如图 2-8 所示。

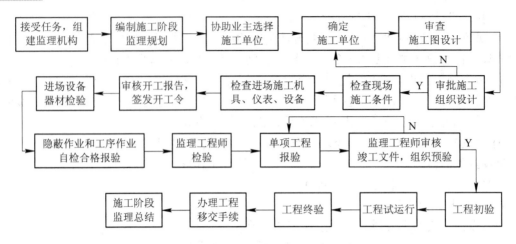

图 2-8　施工阶段的质量控制流程图

2. 施工准备阶段的质量控制内容

(1) 审查施工图设计文件,参加设计会审。设计文件是施工阶段监理工作最重要的依据。监理工程师应认真参加由建设单位主持的设计会审工作。在设计会审前,总监理工程师应组织监理工程师审查设计文件,形成书面意见,并督促承包单位认真做好现场及图纸核对工作,发现的问题以书面形式汇总提出。对于各方提出的问题,设计单位应以书面形式进行解释或确认。

① 施工图设计审查要点包括设计深度应能指导施工,图纸齐全、表达准确。当一个工程有两个或以上设计单位时,设计图纸应衔接,技术标准统一;设计预算套用定额和计算准确,工程量没有遗漏或重复计算。

② 设计会审(交底)会议,由建设单位主持召开,设计、施工、监理单位相关人员参加。

③ 会审意见应形成《设计文件会审纪要》,经设计单位记录整理、有关各方签字(盖章)后,由建设单位分发有关各方,作为设计文件的补充。

④ 设计文件分期分批提供时,应在《设计文件会审纪要》上明确提供期限,以保证工程进度。

⑤ 《设计文件会审纪要》的全部内容是对设计文件的补充和修改,在工程施工、监理过程中应严格执行。

(2) 审批承包单位提交的《施工组织设计》。

① 《施工组织设计》审查要点包括质量、工期应与设计文件、施工合同一致;进度计划应保证施工的连续性;施工方案、工艺应符合设计要求;施工人员、物资安排应满足进度计划要求;施工机具、仪表、车辆应满足施工任务的需要;质量、技术管理体系应健全,措施切实可行;安全、环保、消防、文明施工措施应完善并符合规定。

② 施工单位应于开工前一周,填写《施工组织设计(方案)报审表》(附录:A2),送监理单位;总监理工程师应及时组织相关监理工程师审查施工组织设计中的施工进度计划,技术保证措施,质量保证措施,安全措施和应急预案等内容,并提出意见。若不需修改,则由总监理工程师审定批准后报送建设单位;如需修改,则应退回施工单位限期重新修改和报批。

③ 施工单位应按审定的《施工组织设计》组织施工，如对已批准的施工组织设计进行修改、补充或变更时，应经总监理工程师审核同意后报建设单位。

(3) 检查现场的施工条件。

① 通信管线检查。相关单位是否办理了路由的审批手续(如市政、城建、土地、环保、公安、消防等)；与相关单位是否签订施工协议(如公路、铁路、水利、电力、煤气、供热、园林等)；施工单位的施工许可证、道路通行证是否办妥；设备、材料分屯点是否选定，能否满足施工需要。

② 通信机房检查。机房建筑是否完工并验收合格；预留孔洞、地槽、预埋件是否符合设计要求；空调设备是否安装完毕；机房工作、保护接地系统的接地电阻是否符合设计要求；机房防火是否符合有关规定，严禁存放易燃易爆物品；市电是否引入机房，照明系统能否正常使用。

(4) 检验进场的施工机具、仪表和设备。对于进入现场的施工机具、仪表和设备，施工单位应填写《进场设备和仪表报验申请表》，并附有关法定检测部门的年检证明，报项目监理机构审核；检查进场施工机具、仪表和设备的技术状况，审检合格后签认《进场设备和仪表报验申请表》；施工过程中，应经常检查机具、仪表和设备的技术状况。

(5) 审核开工报告、签发开工申报表。开工前，施工单位应填写《开工申请报告》，送监理单位和建设单位审批。《开工申请报告》中应注明开工的准备情况和存在问题，以及提前或延期开工的原因。

① 开工报告审查要点：设计是否通过会审；合同是否签订；建设资金是否到位；设备、材料能否满足开工需要；开工相关证件或协议是否办妥；作业环境是否具备开工条件；人员、机具、仪表、车辆是否已按要求进场。

② 开工前，施工单位应填写《开工申请报告》并送监理单位和建设单位审批。

③ 《开工申请报告》中应注明开工的准备情况和存在问题，以及提前或延期开工的原因。

④ 如开工条件已基本具备，总监理工程师应征得建设单位同意后签发《开工申报表》，如某项条件还不具备，则应协调相关单位，促使尽快开工。

3. 施工实施阶段的质量控制内容

(1) 检测进场设备、材料。

① 当设备、材料进场后，承包单位应填写《工程材料/构配件/设备报审表》(附录：A9)，送监理人员审核签认。

② 监理人员收到《工程材料/构配件/设备报审表》后，应及时组织建设、供货，施工单位的相关人员依据设备、材料清单对设备、材料进行清点检测，应符合设计及订货合同的要求。

③ 对进口设备、材料，供货单位应报送进口商检证明文件，并由建设、施工、供货、监理各方进行联合检查。

④ 对检验不合格的设备、材料，应分开存放，限期退出现场，不准在工程中使用。同时，监理机构应及时签发《监理工程师通知单》，并通知建设单位和供货商到现场复验确认。

(2) 工序报验、随工检查与隐蔽工程签证。

① 设备安装时，监理工程师应熟悉工程设计文件的相关内容，了解网络组织及传输条件，对房屋面积、荷载、设备排列、走线、供电、接地等进行核查。

② 设备安装时承包单位必须履行工序报验手续。机房走线架(槽道)位置、水平、垂直度和工艺安装不符合要求时，不得进行设备安装；机架安装位置、固定方式、水平、垂直度不符合要求时，不得布放缆线；缆线布放路由和整齐度不符合要求时，不得做成端；机架布线和焊接端子未经监理工程师检查，不得加电测试。

③ 各种通信设备在安装完毕后，应在监理工程师的旁站监督下进行加电和本机测试。加电应按说明书上的操作规程进行，并测量电源电压，确认正常后，方可进行下一级通电。

④ 管道、线路路由未经复测，不准划线开挖。

⑤ 光(电)缆未经单盘检测，不准配盘，未经配盘，不准敷缆。

⑥ 通信管道土方开挖的高程、埋深未达标，不准铺管、敷缆。

⑦ 未经监理工程师检验的隐蔽工序不得隐蔽。否则，监理工程师有权责令剥露检查。

⑧ 管道管孔未经试通、清刷，不准穿管、敷缆。

(3) 施工质量的监督管理。

① 检查施工单位的施工质量，对全过程进行严格控制。

② 根据施工合同中约定的质量标准进行控制和检查，如果双方对工程质量标准有争议，则可由设计单位做出解释，或参照国家和行业相关的工程验收规范进行检验。

③ 对施工中出现的质量缺陷，监理工程师应及时下达监理工程师通知单，要求施工单位整改，并检查整改结果，发现质量达不到要求时，应要求施工单位返工整改，并检查整改结果。

4. 工程验收的质量控制内容

通信工程验收一般分四个步骤，即随工检查、初验、试运行和终验。

(1) 随工检查。监理人员对通信管道建筑、光(电)缆布放、杆路架设、设备安装、铁塔基础及其隐蔽工程部分进行施工现场检验，对合格部分予以签认。随工检验已签认的工程质量，在工程初验时一般不再进行检验，仅对可疑部分予以抽检。

(2) 工程初验。工程初验具体包括以下内容。

① 建设单位接到由总监理工程师确认的《工程竣工报验单》(附录：A10)和工程质量评价报告后，应根据有关文件组织验收小组对工程进行初验。监理单位、施工单位、供货厂家应相互配合。

② 在初验过程中发现不合格的项目，应由责任单位及时整治或返修，直至合格，再进行补验。

③ 承包单位应根据设备附件清单和设计图纸规定，将设备、附件、材料如数清点、移交。如有损坏、丢失应补齐。

④ 验收小组应根据初验情况写出初验报告和工程结论，抄送相关单位。

(3) 工程试运行。通信工程经过初验后，应进行不少于三个月的试运行。试运行时，应投入设备容量的20%以上运行。在试运行期间，设备的主要技术性能和指标均应达到要求。如果主要指标达不到要求，则应进行整治合格后重新试运行三个月。试运行结束后，由运行维护单位编写试运行测试和试运行情况的报告。

(4) 工程终验。当试运行结束后，建设单位在收到运行维护单位编写的试运行报告，承包单位编写的初验遗留问题整改、返修报告，项目监理机构编写的关于工程质量评定意见和监理资料等后，应及时组织终验工作，并书面通知相关单位。如不能及时组织终验，应说明原因及推迟的时间等。

① 终验由上级工程主管部门或建设单位组织和主持，施工、监理、设计、器材供应部门、质检部门、审计、财务、管理、维护、档案等单位相关人员参加。终验方案由终验小组确定。

② 工程终验应对工程质量、安全、档案、结算等作出书面综合评价，终验通过后签发验收证书。

③ 竣工验收报告由建设单位编制，报上级主管部门审批。

5. 竣工文件

竣工文件一般由竣工技术文件、测试资料、竣工图纸三部分组成。

(1) 竣工技术文件的主要内容如下。

① 工程说明：应说明工程概况、性质、规模、工程施工情况和变更情况。

② 开工报告：应填写实际开工日期和计划完工日期，工程前期的准备情况。

③ 交工报告：工程竣工后向建设单位提交验收报告。

④ 建筑安装工程量总表：工程中实际完成的工程总量。

⑤ 已安装设备明细表：工程中实际安装的设备数量、规格、型号等。

⑥ 停(复)工通知：由于自然或人为原因，不能正常施工或恢复施工时填写此表。

⑦ 随工验收、隐蔽工程检查签证记录：应按工程、工序填写，由监理人员或建设单位工地代表签字确认。

⑧ 工程设计变更单：在工程实施过程中，由于情况发生变化而不能按工程设计要求正常施工时填写此单，必须要有建设单位、设计单位、监理的签字认可。

⑨ 工程重大质量事故报告单：在施工中，因人为原因而造成的重大质量事故应填写此单，报告实际造成的重大质量事故情况。

⑩ 工程交接书：由施工方填写完成的项目、设备、材料数量。工程的备、附件应向接收单位移交并由双方签字。

⑪ 验收证书：由验收小组填写。验收评语一般可分"优良""合格"和"不合格"，"不合格"的工程不能交工。评语等级应按有关规定办理。

⑫ 洽商记录。

(2) 测试资料。测试记录应清晰、完整，数据正确，测试项目齐全，计量单位必须符合国家规定，技术指标达到设计或规范验收标准。

(3) 竣工图纸。一般情况下，竣工图纸可用设计图纸代替。个别有变更时，可用碳素墨水笔或黑墨水笔在原工程设计图纸上扛(划)改，局部可以圈出更改部位，在原图空白处重新绘制。引出线不交叉、不遮盖其他线条。如改动较大，超过 1/3 以上时，应重新绘制。当无法在图纸上表达清楚时，应在图纸标题的上方或左边用文字说明。有关说明文字应与图框平行。

用工程设计图纸代替竣工图时，应在原图空白处加盖红色印油的竣工图章。对于一般工程,图纸可以在施工图上修改,加盖竣工图章并签字作为竣工图;但对修改较多,字迹模糊的应重新绘制。对于跨省长途干线光缆路由图,竣工图纸应重新绘制,不得用设计图纸代替。图形符号应符合 YD/T 5015—2015《通信工程制图与图形符号规定》要求。竣工图应按 GB/T 06093—1989《技术用图复制折叠方法》的要求统一折叠成 A4 规格的图幅,内拆式,外翻图标。

(4) 竣工文件的装订要求。资料装订时应整齐,卷面清洁,不得用金属和塑料等材料制成的钉子装订。卷内的封面、目录、备考表应采用 70 g 以上白色书写纸制作。资料装订后,应编写页码。单面书写的文件资料、图纸页码编写位置在右上角,双面书写的文件资料正面在右上角,背面在左上角。页码应用号码机统一打印。已装订的设备随机说明书或技术资料,若有利于长期保存,可保持原样,不须重新装订。

(5) 竣工文件的审查要求。

① 竣工技术文件格式中的每张表格都要附上,表格每一栏都要填写,不得空缺,没有发生事项的表格应填写"无"。

② 管道建筑工程竣工图的审核要点包括人孔规格、型号、编号、数量,管孔断面,管道段长等,要求标注清楚,图与实际相符,图与图衔接。

③ 通信线路工程竣工图审核要点包括线缆规格程式、长度,标石、电杆位置编号,接头点,路由参照物,特殊地段(江、河、路、桥、轨、电力线等)等,要求标注清楚,图与实际相符,图与图衔接。

④ 通信设备安装工程竣工图审核要点包括通路组织图、布线系统图、平面布置图、面板布置图等,要求标注清楚,图与实际相符,图与图衔接。

(6) 监理文件的要求。监理文件是工程档案的一个重要组成部分,按工程档案的相关规定,工程结束后交与建设单位。监理文件的内容主要包括监理合同,监理规划,监理指令,监理日志(包括工程中的图片等),监理报表,会议纪要,监理在工程施工中审核签认的文件(包括承包单位报来的施工组织设计等各种文件和报表),工程质量认证文件,工程款支付文件,工程验收记录,工程质量事故调查及处理报告,监理工作总结等。

2.3.4 保修阶段的质量控制

保修阶段工程质量控制内容如下。

(1) 保修期自工程终验完毕之日起算,保修期一般为一年。

(2) 监理工程师应依据委托监理合同约定的时间、范围和内容开展保修阶段的工作。

(3) 在保修期内,监理工程师应对工程质量出现的问题督促相关单位及时派人员到现场进行修复,并对修复完毕的工程质量进行检查,合格后予以确认。监理工程师应对出现的缺陷原因进行调查分析,按照工程合同的约定,确认责任。

(4) 监理单位对由质量问题引起的经济、争议理赔进行处理。

(5) 根据工程合同对其保修期工作内容的完成时限及质量进行确认。在工程的试运行和保修期间,监理单位应经常检查、督促相关单位作好试运行和保修工作。对于试运行和保修期间出现的问题,应会同相关单位研究解决办法。定期向建设单位通报工程试运行和保修情况。

2.4　通信工程安全控制

2.4.1　通信工程安全控制概述

为了全面加强通信建设领域的安全监督和管理,我国工业和信息化部于 2008 年 6 月颁发了《通信建设工程安全生产管理规定》(工信部规〔2008〕111 号),进一步规定了通信工程监理单位的安全生产责任。

1. 安全生产

(1) 安全是指没有危险、不出事故的状态,即没有伤害、伤损或危险,不遭受危害、损害或免除了危害、伤害或损失的威胁。

(2) 安全生产是指在生产过程中不发生工伤事故、职业病、设备或财产损失的状态,即指人不受伤害,物不受损失。安全生产是使生产过程在符合物质条件和工作秩序下进行的,防止发生人身伤亡和财产损失等生产事故,消除或控制危险、有害因素,保障人身安全与健康、设备和设施免受损坏、环境免遭破坏的总称。

(3) 安全生产管理是工程建设管理体系的重要组成部分。安全生产管理是针对人们在安全生产过程中可能发生的安全问题,运用有效的资源,发挥人们的智慧,通过人们的努力,进行有关决策、计划、组织和控制等活动,实现生产过程中人与机器设备、物料、环境的和谐,达到安全生产的目标。安全生产管理的目标就是减少和控制危害,减少和控制事故,尽量避免生产过程中由于事故所造成的人身伤害、财产损失、环境污染及其他损失。安全生产管理包括安全生产的法制管理、行政管理、监督检查、工艺技术管理、设备设施管理、作业环境和条件管理等。

2. 事故和事故隐患

(1) 事故。事故是指个人(或集体)在为实现某种意图而进行的活动过程中,突然发生的、违反人的意志的、迫使活动暂时或永久性停止的事件。事故往往会造成人员伤亡、职业病、财产损失或环境污染等后果,影响人们的生产、生活活动的顺利进行。事故的基本特征包括以下几个方面。

① 偶然性:事故是一种突然发生的、出乎人们意料的意外事件,其原因复杂多样。

② 随机性:事故发生的时间、地点是随机的,使人们无法准确地预测在什么时候、什么地方,会发生什么样的事故。

③ 潜在性:引发事故的原因通常比较隐蔽,不易察觉。

④ 必然性:事故是诸多危险因素长期积累的结果,偶然中存在着必然。

⑤ 因果性:事故是由相互联系的多种因素共同作用的结果,必然有导致事故的原因。

由于事故的上述基本特征,给事前控制、制定预防措施带来了困难,然而,事故造成的严重后果使得发现事故隐患、分析产生事故的原因成为非常重要的事情。

(2) 事故隐患。安全生产事故隐患(以下简称事故隐患)是指生产经营单位违反安全生产法律、法规、规章、标准、规程和安全生产管理制度的规定,或者因其他因素在生产经营活动中存在可能导致事故发生的物的危险状态、人的不安全行为和管理上的缺陷。

事故隐患分为一般事故隐患和重大事故隐患。一般事故隐患指危害和整改难度较小，发现后能够在生产过程中立即整改、排除的隐患。重大事故隐患指危害和整改难度较大，应当局部或者全部停产、停业，并经过一定时间整改治理方能排除的隐患，或者因外部因素影响致使生产经营单位自身难以排除的隐患。

3. 危险和危险源

(1) 危险。根据系统安全工程的观点，危险是指系统中存在导致发生不期望后果的可能性超过了人们的承受程度。

(2) 危险因素。危险因素是指对人身造成伤亡或对物体造成突发性损害的因素。危险因素又称有害因素。按照 GB/T 13861—1992《生产过程危险和有害因素分类与代码》的规定，危险因素可分为以下六类。

① 物理性危害因素。施工机具缺陷、施工器材缺陷、防护缺陷、警示信号缺陷、标志缺陷、强电危害、噪声危害、振动危害、电磁辐射、运动物体、火灾、粉尘、高低温、作业环境方面的不安全状况等。

② 化学性危险因素。易燃易爆性物质、有毒物质、腐蚀性物质及其他化学性有害物质等。

③ 生物性危险因素。致病微生物(病毒、细菌)、传染病媒介物、致害的动植物等。

④ 心理、生理性危险因素。超负荷工作、带病工作、冒险行为、野蛮作业等。

⑤ 行为性危险因素。指挥失误、违规指挥、监管失误、违章作业、操作失误等。

⑥ 其他危害因素。作业空间狭小、作业环境条件差、通道和道路有缺陷、搬运重物方法和施工机具选用不当等。

在一个工程中，以上所列举的危险因素可能只有一类(种)或几类(种)或全部都存在。

(3) 危险源。危险源是指可能造成人员伤害、疾病、财产损失、作业环境破坏或其他损失的根源。实际工作和生活中的危险源很多，存在的形式也较复杂，在辨识上给人们增加了难度。如果把各种构成危险源的因素按照其在事故发生、发展过程中所起的作用划分类别，无疑会给危险源辨识工作带来很大的方便。为了区分各种危险源，人们常常把危险源划分为两类：第一类是物的不安全状态，第二类是人的不安全行为。

(4) 危险源的识别。危险源的识别是为了明确通信工程项目在现有施工条件下不可承受的风险，从而制定预防措施，对风险进行控制，保证以合理的成本获得最大的安全保障。危险源的识别应按照科学的方法进行，同时还应考虑涉及的范围，避免因遗漏危险源给工程的安全带来隐患。

常用的危险源识别方法有基本分析法和安全检查法，主要应考虑人员的安全、财产损失和环境破坏三个方面的因素。危险源的充分识别是监理工程师进行安全监督管理的前提。危险源识别所涉及的范围一般应包括施工机具、设备，常规和非常规的施工作业活动、管理活动，进入工作场所的人员，施工周边的环境和场所。

2.4.2 通信工程安全控制的内容

1. 施工准备阶段

(1) 编制安全监理方案，该方案是安全监理的指导性文件，应具有可操作性。安全监理方案应在总监理工程师主持下进行编制，并作为监理规划的一部分内容。安全监理方案应包括以下主要内容。

① 安全监理的范围、工作内容、主要工作程序、制度措施以及安全监理人员的配备计划和职责，做到安全监理责任落实到人、分工明确、责任分明。

② 针对工程的具体情况，分析存在的危险因素和危险源，尤其是对一些重大危险源应制定相应的安全监督管理措施。

③ 收集与本工程专业有关的强制性规定。

④ 制定安全隐患预防措施、安全事故的处理和报告制度、应急预案等。

(2) 对于危险性较大的通信铁塔工程、天馈线安装工程、电力杆路附近架空线路工程、架设过河飞线以及在高速公路上施工的通信管线工程等，还应根据安全监理方案编制安全监理实施细则，报总监理工程师审批后实施。

(3) 审查施工单位提交的《施工组织设计》中的安全技术措施。对一些危险大的工序(如石方爆破、高处作业、电焊、电锯、临时用电、管道和铁塔基础土方开挖、立杆、架设钢绞线、起重吊装、人(手)孔内作业、截流作业等)和在特殊环境条件下(如高速公路、冬雨季、水下、电力线下、市内、高原、沙漠等)的施工必须要求施工单位编制专项安全施工方案和对于施工现场及毗邻建筑物、构筑物、地下管线的专项保护措施。当不符合强制性标准和安全要求时，总监理工程师应要求施工单位重新修改后再报审。

(4) 审查施工单位资质等级、安全生产许可证的有效性。安全生产许可证的有效期为三年。

(5) 审查施工单位的项目经理和专兼职安全生产管理人员，他们应具有工业和信息化部或通信管理局颁发的《安全生产考核合格证书》，人员名单与投标文件相一致。检查特殊工种作业人员的特种作业操作资格证书，电工、焊工、上塔人员及起重机、挖掘机、铲车等操作人员均应具有当地政府主管部门颁发的特种作业操作资格证书。

(6) 审查施工单位在工程项目上的安全生产规章制度、安全管理机构的设立以及专职安全生产管理人员的配备情况。

(7) 审查承包单位与各分包单位间的安全协议签订情况，以及各分包单位安全生产规章制度的建立和实施情况。

(8) 审查施工单位的应急预案。应急预案是对出现重大安全事故的抢救行动，是控制事故的继续蔓延、抢救受伤人员和控制财产损失的紧急方案，是重大危险源控制系统的重要组成部分。施工单位应结合工程的实际情况，对风险较大的工程、工序制定应急预案，如高处作业、在高速公路上作业、地下原有管线和构筑物被挖断或破坏、工程爆破、危险物资管理、机房电源线路短路、通信系统中断、人员触电、发生火灾以及在台风、地震、洪水易发的地区作业都应制定应急预案。应急预案应包括启动应急预案期间的负责人，对外联系方式，应采取的应急措施，起特定作用的人员的职责、权限和义务，人员疏散方法、程序、路线和到达地点，疏散组织和管理，应急机具、物资需求和存放，危险物质的处理程序，对外的呼救等。编制的预案应重点突出、针对性强、责任明确、易于操作。监理工程师应对应急预案的实用性、可操作性做出评估。

(9) 检查安全防护用具、施工机具、装备配置情况，不允许将带"病"机具、装备运到施工现场违规作业。同时，施工现场使用的安全警示标志必须符合相关规定。

(10) 对于有割接工作的工程项目，应要求施工单位申报详细的割接操作方案，经总监理工程师审核后，报建设单位批准，切实保证割接工作的安全。

(11) 了解施工单位在施工前对全体施工人员的安全培训、技术措施交底情况。凡是没有组织全体施工人员进行安全培训或安全技术措施交底的，应要求施工单位在施工现场向全体施工人员进行安全技术措施交底。

(12) 对于易发生的突发事件，监理工程师应要求施工单位按照应急预案的要求，组织施工人员参加演练，提高自防、自救的能力。必要时，监理人员也应参加。

2. 施工阶段

(1) 监理人员安全监理的一般工作要求。

① 检查施工单位专职安全检查员的工作情况和施工现场的人员、机具安全施工情况。

② 检查施工现场的施工人员劳动防护用品是否齐全，用品质量应符合劳动安全保护要求。

③ 检查施工物资堆放场地、库房等现场的防火设施和措施；检查施工现场安全用电设施和措施；低温阴雨期，检查防潮、防雷、防坍塌设施和措施。若发现隐患，则应及时通知施工单位限期整改。整改完成后，监理人员应跟踪检查其整改情况。

④ 检查施工工地的围挡和其他警示设施是否齐全。检查工地临时用电设施的保护装置和警示标志是否符合设置标准。

⑤ 监督施工单位按照施工组织设计中的安全技术措施和特殊工程、工序的专项施工方案组织施工，及时制止任何违规施工作业。

⑥ 定期检查安全施工情况。巡检时应认真、仔细，不得走过场。当发现有安全隐患时，应及时指出并签发监理工程师通知单，责令整改，消除隐患。对施工过程中危险性较大的工程、工序作业，应视施工情况设专职安全监理人员重点旁站监督，防止安全事故的发生。

⑦ 督促施工单位定期进行安全自查工作，检查施工机具、安全装备、安全警示标志和人身安全防护用具的完好性、齐备性。

⑧ 遇紧急情况，总监理工程师应及时下达工程暂停令，要求施工单位启动应急预案，迅速、有效地开展抢救工作，防止事故的蔓延和进一步扩大。

⑨ 安全监理人员应对现场安全情况及时收集、记录和整理。

(2) 通信线路工程作业的安全要求。

① 在行人较多的地方立杆作业时应划定安全区，设置围栏，严禁非作业人员进入现场。

② 立杆前，必须合理配备作业人员。立杆用具必须齐全、牢固、可靠，作业人员应能正确使用。竖杆时应设专人统一指挥，明确分工。

③ 使用脚扣或脚蹬板上杆时，应检查其是否完好。当出现脚扣带腐蚀、裂痕，弯钩的橡胶套管(橡胶板)破损、老化，脚蹬板扭曲、变形、螺丝脱落等情形之一时，严禁使用。不得用电话线或其他绳索替代脚扣带。

④ 布放钢绞线前，应对沿途跨越的供电线路、公路、铁路、街道、河流、树木等调查统计，针对每一处的具体情况制定和采取有效措施，保证布放时能安全通过。若钢绞线跨越低压电力线，则必须设专人用绝缘棒托住钢绞线，不得搁在电力线上拖磨。

⑤ 在杆上收紧吊线时，必须轻收慢紧，严禁突然用力。收紧后的吊线应及时固定、拧紧中间沿线电杆的吊线夹板并做好吊线终端。

⑥ 在吊线上布放光(电)缆作业前，必须检查吊线强度，确保吊线不断裂、电杆不倾斜、吊线卡担不松脱时，方可进行布缆作业。在架空钢绞线上进行挂缆作业时，地面应有专人进行滑动牵引或控制保护。

⑦ 拆除吊线前，应将杆路上的吊线夹板逐步松开。如遇角杆，则操作人员必须站在电杆弯角的背面。

⑧ 在原有杆路上作业，应要求施工人员先用试电笔检查该电杆上附挂的线缆、吊线，确认不带电后再作业。

⑨ 在供电线及高压输电线附近作业时，作业人员必须配备安全帽、绝缘手套、绝缘鞋和使用绝缘工具。严禁作业人员及设备与电力线触碰。在高压线附近进行架线、安装拉线等作业时，离开高压线最小空距应保证：35 kV 以下为 2.5 m，35 kV 以上为 4 m。

⑩ 当架空的通信线路与电力线交越达不到安全净距时，必须根据规范或设计要求采取安全措施。

⑪ 在电力线下架设的吊线应及时按设计规定的保护方式进行保护。严禁在电力线路正下方立杆作业。严禁使用金属伸缩梯在供电线及高压输电线附近作业。

⑫ 在跨越电力线、铁路、公路杆档安装光(电)缆挂钩和拆除吊线滑轮时严禁使用吊板。

⑬ 当通信线与电力线接触或电力线落在地面上时，必须立即停止一切作业，保护现场，禁止行人步入危险地带。不得用一般工具触动通信缆线或电力线，应立即要求施工项目负责人和指定专业人员排除事故。事故未排除前，不得恢复作业。

⑭ 在江河、湖泊及水库等水面截流作业时，应配置并携带必要的救生用具，作业人员必须穿好救生衣，听从统一指挥。

⑮ 在桥梁侧体施工时应得到相关管理部门批准，作业区周围必须设置安全警示标志，圈定作业区，并设专人看守。作业时，应按设计或相关部门指定的位置安装铁架、钢管、塑料管或光(电)缆。严禁擅自改变安装位置，损伤桥体主钢筋。

⑯ 在墙壁上及室内钻孔布放光(电)缆时，如遇与近距离电力线平行或穿越，则必须先停电后作业。

⑰ 在跨越街巷、居民区院内通道的地段布放钢绞线、安装光(电)缆挂钩时应使用梯子，并设专人扶、守、搬移。严禁使用吊线坐板方式在墙壁间的吊线上作业。

⑱ 在建筑物的金属顶棚上作业前，施工人员应用试电笔检查，确认无电后方可作业。

⑲ 在林区、草原或荒山等地区作业时，不得使用明火。确实需动用明火时，应征得相关部门同意，同时必须采取严密的防火措施。

⑳ 施工人员和其他相关人员进入高速公路施工现场时，必须穿戴专用交通警示服装。按相关部门的要求，设专人摆放交通警示和导向标志并维护交通。施工安全警示标志摆放应根据施工作业点"滚动前移"。收工时，安全警示标志的回收顺序必须与摆放顺序相反。

(3) 土、石方和地下作业的安全要求。

① 在开挖杆洞、沟槽、孔坑土方前，应调查地下原有电力线、光(电)缆、天然气、供水、供热和排污管等设施路由与开挖路由之间的间距。

② 开挖土方作业区必须圈围，严禁非工作人员进入。严禁非作业人员接近和触碰正在施工运行中的各种机具与设施。

③ 人工开挖土方或路面时，相邻作业人员间必须保持 2 m 以上间隔。

④ 使用潜水泵排水时，水泵周围 30 m 以内的水面不得有人、畜进入。

⑤ 进行石方爆破时，必须由持爆破证的专业人员进行，并对所有参与作业者进行爆破安全常识教育；炮眼装药严禁使用铁器；装置带雷管的药包必须轻塞，严禁重击。不得边凿炮眼边装药；爆破前应明确规定警戒时间、范围和信号，配备警戒人员，现场人员及车辆必须转移到安全地带后方能引爆；炸药、雷管等危险性物质的放置地点必须与施工现场及临时驻地保持一定的安全距离；严格保管，严格办理领用和退还手续，防止被盗和藏匿。

⑥ 在有行人、车辆经过的施工地段，开启孔盖前，人孔周围应设置安全警示标志和围栏，夜间应设置警示灯。

⑦ 进入地下室、管道人孔前，应通风 10 分钟后，对有毒、有害气体检查和监测，确认无危险后方可进入。地下室、人孔应保持自然和强制通风，保证人孔内通风流畅。在人孔内尤其在"高井脖"人孔内施工时，应两人以上到达现场，其中一人在井口守候。

⑧ 不得将易燃、易爆物品带入地下室或人孔，地下室、人孔照明应采用防爆灯具。

⑨ 在人孔内作业闻到有异常气味时，必须迅速撤离，严禁开关电器、动用明火，并立即采取有效措施，查明原因，排除隐患。

⑩ 不得在高压输电线路下面或靠近电力设施附近搭建临时生活设施，也不得在易发生塌方、山洪、泥石流危害的地方架设帐篷、搭建简易住房。

(4) 通信设备安装作业的安全要求。

① 机房内施工不得使用明火，需要动用明火时应经相关单位部门批准。

② 作业人员不得触碰机房内的在运行设备，不得随意关断电源开关。严禁将交流电源线挂在通信设备上。使用机房原有电源插座时必须先测量电压、核实电源开关容量。

③ 不得在机房使用切割机加工铁件。切割铁件时，严禁在砂轮片侧面磨削。

④ 安装机架时应使用绝缘梯或高凳。严禁攀踩铁架、机架和电缆走道；严禁攀踩配线架支架和端子板、弹簧排。

⑤ 带电作业时，操作人员必须穿绝缘鞋、戴绝缘手套，使用绝缘良好的工具。在带电的设备、列头柜、分支柜中操作时，作业人员应取下手表、钥匙链、戒指、项链等随身金属物品和饰品。作业时，应采取有效措施防止螺丝钉、垫片、铜屑等金属材料掉落在机架内。

⑥ 搬运蓄电池等化学性物品时，应戴防护手套和眼镜，注意防振，物体不可倒置。如物体表面有泄漏的残液，则必须用防腐布清擦，严禁用手触摸。

⑦ 搬运重型或吊装体积较大的设备时，必须编写安全作业计划。项目负责人必须对操作人员进行安全技术措施交底，并设专人指挥，明确职责，紧密配合，保证每一项措施的落实，使设备安全放置或吊装到位。

⑧ 布放光(尾)纤时，必须放在光纤槽内或加塑料管保护。

⑨ 布放电源线时，无论是明敷或暗敷，必须采用整条线料，中间严禁有接头，电源线端头应作绝缘处理。

⑩ 交流线、直流线、信号线应分开布放，不得绑扎在一起。若走同一路由时，则间距必须保持 5 cm 以上。非同一级电力电缆不得穿放在同一管孔内。

⑪ 太阳电池输出线必须采取有屏蔽层的电力电缆布放，在进入机房室内前，屏蔽层必须接地，芯线应安装相应等级的避雷器件。

⑫ 严禁架空的交、直流电源线直接出、入局(站)和机房。严禁在架空避雷线的支柱上

悬挂电话线、广播线、电视接收天线及低压电力线。

⑬　交、直流配电瓶和其他供电设备正、背面前方的地面应铺放绝缘橡胶垫。如需合上供电开关，则应首先检查有无人员在工作，然后再合闸并挂上"正在工作"的警示标志。

⑭　设备加电时，必须沿电流方向逐级加电，逐级测量电压值。插拔机盘、模块时，操作人员必须佩戴接地良好的防静电手环。

⑮　焊线的烙铁暂时停用时应放在专用支架上，不得直接放在桌面或易燃物旁。

⑯　机房工作完毕离开现场时，应切断施工用的电源并检查是否还有其他安全隐患，确认安全后方可离开现场。

(5) 铁塔和天馈线安装作业的安全要求。

①　上塔作业人员必须经过专业培训，考试合格并取得《特种作业操作证》。

②　施工人员在进行铁塔和天馈线等高处作业过程中，应要求承包单位在施工现场以塔基为圆心、塔高的 1.05 倍为半径的范围圈围设施工区，非施工人员不得进入。

③　上塔前，作业人员必须检查安全帽、安全带的各个部位有无伤痕，如发现问题严禁使用。施工人员的安全帽必须符合国家标准 GB 2811—81，安全带必须经过劳动检验部门的拉力试验，安全带的腰带、钩环、铁链必须正常。

④　各工序的工作人员必须使用相应的劳动保护用品，严禁穿拖鞋、硬底鞋、高跟鞋或赤脚上塔作业。

⑤　经医生检查身体有恙，不适应上塔的人员不得勉强上塔作业。饮酒后不得上塔作业。

⑥　塔上作业时，必须将安全带固定在铁塔的主体结构上，高挂低用，不得固定在天线支撑杆上。安全带用完后必须放在规定的地方，不得与其他杂物放在一起。严禁用一般绳索、电线等代替安全带(绳)。

⑦　施工人员上、下塔时必须按规定路由攀登，人与人之间距离不得小于 3 m，攀登速度宜慢不宜快。上塔人员不得在防护栏杆、平台和孔洞边沿停靠、坐卧休息。

⑧　塔上作业人员不得在同一垂直面同时作业。

⑨　塔上作业时，所用材料、工具应放在工具袋内，所用工具应系有绳环，使用时应套在手上，不用时放在工具袋内。塔上的工具、铁件严禁从塔上扔下，大小件工具都应用工具袋吊送。

⑩　在塔上电焊时，除有关人员外，其他人都应远离塔处。凡焊渣飘到的地方，严禁人员通过。电焊前应将作业点周边的易燃、易爆物品清除干净。电焊完毕后，必须清理现场的焊渣等火种。施焊时，必须穿戴电焊防护服、手套及电焊面罩。

⑪　输电线路不得通过施工区。遇有此情况，必须采取停电或其他安全措施，方可作业。

⑫　遇有雨雪、雷电、大风(5 级以上)、高温(40 ℃)、低温(−20 ℃)、塔上有冰霜等恶劣天气影响施工安全时，严禁施工人员在高处作业。

⑬　吊装用的电动卷扬机、手摇绞车的安装位置必须设在施工围栏区外。开动绞盘前应清除工作范围内障碍物。绞盘转动时严禁用手扶摸走动的钢丝绳或校正绞盘滚筒上的钢丝绳位。当钢丝绳出现断股或腐蚀等现象时，必须更换，不得继续使用。

⑭　在地面起吊天线、馈线或其他物体时，应在物体稍离地面时对钢丝绳、吊钩、吊装固定方式等做详细的安全检查。对起吊物重量不明时，应先试吊，可靠后再起吊。

(6) 网络优化和软件调测作业的安全要求。

① 网络优化工程师应保守秘密，不得将通信网络资源配置及相关数据、资料泄漏给其他人员。

② 天馈线操作人员测试或者调整天馈线时，网络优化工程师不应在铁塔或增高架下方逗留。

③ 通信网络调整时，通信网络操作工程师必须持有通信设备生产厂家或运营商的有效上岗证件。网络优化工程师不得调整本次工程或本专业范围以外的网元参数。

④ 网络数据修改前，必须制定详细的基站数据修改方案和数据修改失败后返回的应急预案，报建设单位审核、批准。每次数据修改前必须对设备和系统的原有数据进行备份，并注明日期，严格按照设备厂家技术操作指导书进行操作。

⑤ 软件调测工程师不得私自更改、增加、删除相关数据，如用户数据、入口指令等。

⑥ 工程测试必须严格执行职业操作规范，在合同规定的范围内进行相关操作(如监听、测试等)。

⑦ 软件调测工程师不得擅自登录建设单位通信系统，严禁进行超出工程建设合同内容以外的任何操作。

⑧ 5个基站以上的大范围数据修改后，应及时组织路测，确保网络正常运行。

⑨ 在检查中发现存在涉及网络安全的重大隐患时，应及时向建设单位报告。

2.4.3 通信工程安全事故处理

1. 安全事故报告

根据《生产安全事故报告和调查处理条例》(国务院第 493 号令)规定的精神，安全事故发生后，现场监理人员应及时、如实地向总监理工程师报告，总监理工程师应及时向建设单位报告，建设单位负责人接到报告后，应当在 1 小时内向事故发生地县级以上人民政府安全生产监督管理部门和负有安全生产监督管理职责的有关部门报告。情况紧急时，事故现场有关人员可以直接向事故发生地县级以上人民政府安全生产监督管理部门和负有安全生产监督管理职责的有关部门报告。

事故报告应包括以下内容：事故发生单位概况；事故发生的时间、地点以及事故现场情况；事故的简要经过；事故已经造成或者可能造成的伤亡人数(包括下落不明的人数)和初步估计的直接经济损失；已经采取的措施；其他应当报告的情况。对于事故报告后出现的新情况，应当及时补报。

事故发生后，项目监理机构和监理人员应当妥善保护事故现场以及相关证据，任何单位和个人不得破坏事故现场、毁灭相关证据。因抢救人员、防止事故扩大以及疏通交通等原因，需要移动事故现场物件，应做出标志，绘制现场简图并做出书面记录，妥善保存现场重要痕迹、物证。接到事故报告后，总监理工程师应当立即启动事故应急预案，并应在第一时间赶赴现场，积极协助事故发生单位组织抢救，并采取有效措施，防止事故扩大，减少人员伤亡和财产损失。对于接到事故报告后，认为不是自己的事，不积极组织抢救或不作为的人员，应承担法律责任。

2. 安全事故的调查

发生安全事故后，项目监理机构应配合相关部门组织的调查组对发生的事故进行调查，调查组应履行下列职责：查明事故发生的原因、经过，人员伤亡情况及直接经济损失；认定事故的性质和责任；提出对事故责任人的处理建议；总结事故教训，提出防范和整改措施；提交事故调查报告。

　　事故调查报告应包括以下内容：事故发生单位概况；事故发生经过和事故救援情况；事故造成的人员伤亡和直接经济损失；事故发生的原因和事故性质；事故责任的认定及对事故责任人的处理建议；事故防范和整改措施。

　　事故调查报告应当附具有关证据材料。事故调查组成员应在事故调查报告上签名，事故调查组成员在调查过程中应当诚信、公正、遵守事故调查纪律，保守事故调查秘密。对事故调查工作不负责任，致使事故处理工作有重大疏漏的，包庇、袒护负有事故责任的人员或借机打击报复的人员应依法追究法律责任。

3. 安全事故的等级与处理

　　为了规范生产安全事故的报告和调查处理，落实生产安全事故责任追究制度，防止和减少生产安全事故，国务院于 2007 年 4 月 9 日发布的《生产安全事故报告和调查处理条例》(第 493 号令)中规定了生产经营活动中发生的造成人身伤亡或直接经济损失的生产安全事故的报告、调查处理和法律责任。

　　《生产安全事故报告和调查处理条例》第三条规定：生产安全事故(以下简称事故)造成人员伤亡或者直接经济损失的等级可分为四级：

　　(1) 特别重大事故：是指造成 30 人以上死亡，或者 100 人以上重伤(包括急性工业中毒，下同)，或者 1 亿元以上直接经济损失的事故；

　　(2) 重大事故：是指造成 10 人以上 30 人以下死亡，或者 50 人以上 100 人以下重伤，或者 5000 万元以上 1 亿元以下直接经济损失的事故；

　　(3) 较大事故：是指造成 3 人以上 10 人以下死亡，或者 10 人以上 50 人以下重伤，或者 1000 万元以上 5000 万元以下直接经济损失的事故；

　　(4) 一般事故：是指造成 3 人以下死亡，或者 10 人以下重伤，或者 1000 万元以下直接经济损失的事故。

　　以上各条中所称的"以上"包括本数，所称的"以下"不包括本数。

　　《生产安全事故报告和调查处理条例》第二十四条规定：安全生产事故发生后，项目监理机构和监理人员应配合有关方面做好调查和举证工作。监理机构应如实提供在工程实施过程中与事故有关的工程质量和安全记录、监理指令、相关来往文件、电话记录、传真、电子邮件等，为事故调查提供真实、可靠的证据。对无论是来自建设单位、施工单位或其他单位的原始证据，都不得偏袒或有选择性地提供。诚信、公正地办事是监理的一项基本原则，对于在事故调查中谎报、漏报、隐瞒不报或作伪证的人员，应承担法律责任。

　　项目监理机构在施工过程中收集、保存真实可信的证据，既有助于安全事故的处理，也是信息管理的重要基础性工作。

 本 章 小 结

　　本章主要介绍通信工程建设监理中的"四控制"，其中包括：① 通信工程造价控制的概念、构成、任务及内容；② 通信工程进度控制的概念、原则、要点和方法；③ 通信工程质

量控制的概念、分类、原则，勘察设计阶段质量控制、施工阶段质量控制、保修阶段质量控制的流程和内容；通信工程安全控制的概念、内容和安全事故的处理。

工程造价控制就是在投资决策阶段、设计阶段、施工阶段和工程结算阶段，把工程造价控制在批准的投资限额以内，随时纠正发生的偏差，保证实现项目的投资目标，以求在建设工程中能合理使用人力、物力、财力，取得较好的投资效益和社会效益。

通信建设工程进度控制是指在通信建设工程项目的实施过程中，通信建设监理工程师按照国家、通信行业相关法规、规定及合同文件中赋予监理单位的权力，运用各种监理手段和方法，督促承包单位采用先进合理的施工方案和组织形式，制定进度计划、管理措施，并在实施过程中经常检查实际进度是否与计划进度符合，分析出现偏差的原因，采取补救措施，并调整、修改原计划，在保证工程质量、投资的前提下，实现项目进度计划。

通信工程质量控制致力于满足工程的质量要求，是通过采取一系列的措施、方法和手段来保证工程质量达到工程合同、设计文件、规程规范的标准要求。

 课后习题

一、选择题

1. 审核承包单位编制的施工组织设计，对施工方案进行技术经济分析，属于(   )的造价控制。

A. 组织措施   B. 技术措施   C. 经济措施   D. 合同措施

答案：B

2. 人工费与企业管理费分别属于(   )。

A. 直接工程费；间接费   B. 直接工程费；措施项目费
C. 措施项目费；直接工程费   D. 措施项目费；间接费

答案：A

3. 采用复杂施工技术的建设项目在技术设计阶段应以(   )作为造价控制目标。

A. 投资估算   B. 合同价   C. 设计概算   D. 修正概算

答案：C

4. 设计会审由(   )组织。

A. 建设单位   B. 监理单位   C. 施工单位   C. 总承包单位

答案：A

5. 以下(   )不属于建筑安装工程费所涵盖的费用。

A. 直接费   B. 税金   C. 预备费   D. 利润

答案：C

二、多选题

1. 建设项目可分解为(   )。

A. 单项工程   B. 单位工程   C. 分部工程   D. 分项工程

答案：ABCD

2. 监理工程师在施工阶段可采用以下(   )方式对造价进行控制。

A. 组织措施　　　　　B. 计划措施　　　　　C. 技术措施　　　　　D. 经济措施

答案：ACD

3. 竣工文件一般由(　　)组成。

A. 竣工技术文件　　　B. 竣工图纸　　　　　C. 测试资料　　　　　D. 中标文件

答案：ABC

4. 以下(　　)是常见的施工阶段进度计划表示方式。

A. 横道图　　　　　　B. 流水施工　　　　　C. 网络图　　　　　　D. 平行施工

答案：AC

5. 下列(　　)属于施工阶段的质量控制内容。

A. 设置质量控制点　　　　　　　　　　　B. 加强日常巡视、旁站和平行检测

C. 督促承包单位强化自检工作　　　　　　D. 加强对重要结构部位跟踪检查

答案：BD

三、讨论题

1. 工程造价由哪些内容构成？

2. 设计概算审查包括哪些内容？

3. 施工图预算审查包括哪些内容？

4. 施工阶段造价控制的主要工作内容有哪些？

5. 工程结算阶段造价控制有哪些内容？

6. 通信工程进度控制的原则是什么？

7. 通信工程进度控制的要点有哪些？

8. 通信工程进度控制的方法有哪些？

9. 通信工程质量控制如何分类？

10. 勘察设计阶段质量控制的主要内容有哪些？监理工程师需要完成哪些工作？

11. 施工准备阶段质量控制的主要内容有哪些？监理工程师需要完成哪些工作？

12. 施工实施阶段质量控制的主要内容有哪些？监理工程师需要完成哪些工作？

13. 工程验收质量控制的主要内容有哪些？监理工程师需要完成哪些工作？

14. 竣工文件包括哪些内容？

15. 通信工程安全控制有哪些内容？

16. 安全事故的等级有哪些？如何处理？

第3章

通信工程建设监理中的 "两管理"和"一协调"

【主要内容】

本章主要介绍通信工程建设监理中的"两管理"和"一协调",其中包括通信工程合同管理的概念、类型、内容、争议及解除;通信工程信息管理的概念、特点、构成、分类和信息管理;通信工程协调管理的概念、范围、内容和协调方法。

【重点难点】

本章重点是"两管理"和"一协调"的主要内容;难点是通信工程信息管理。

3.1 通信工程合同管理

3.1.1 通信工程合同管理概述

1. 合同管理的基本概念

(1) 合同是指平等主体的自然人、法人以及其他组织之间设立、变更、终止民事权利、义务关系的协议。通信工程建设合同是通信工程建设单位和施工单位为了完成其所商定的工程建设目标以及与工程建设目标相关的具体工作内容,所达成的明确双方相互权利、义务关系的协议。

(2) 合同管理是指各级工商行政管理机关、建设行政主管部门依据法律法规、规章制度、行政手段,对合同当事人进行组织、指导、协调及监督,保护合同当事人的合法权益,处理合同纠纷,防止和制裁违法行为,保证合同贯彻实施的一系列活动。

各级工商行政管理机关、建设行政主管部门对合同进行的管理侧重于宏观管理,主要包括相关法律、法规、规程、规定的制定,合同主体行为规范的制定,合同示范文本的制定。建设单位、设计单位、监理单位、施工单位等对合同进行的管理着重于微观管理,主要包括合同的签订和实施。

2. 常用的承包合同类型

根据合同的计价方式不同,建设工程合同可分为固定价格合同、可调价格合同和成本加酬金合同等类型。

(1) 固定价格合同是指在约定的风险范围内价款不再调整的合同。这种合同的价款并不是绝对不可调整的，而是约定范围内的风险由施工单位承担。工程承包中采用的总价合同和单价合同均属于此类合同。

(2) 可调价格合同是针对固定价格合同而言的，通常适用于工期较长的施工合同。例如，工期在 18 个月以上的合同，建设单位和施工单位在招投标阶段和签订合同时，不可能合理预见到一年半以后物价浮动和后续法规变化对合同价款的影响，为了合理分担外界因素影响的风险，应采用可调价格合同。

(3) 成本加酬金合同是建设单位负担全部工程成本，对施工单位完成的工作支付相应酬金的计价方式。这类计价方式通常适用于紧急工程施工，如灾后修复工程；或采用新技术、新工艺施工，双方对施工成本均心中无底，为了合理分担风险采用此种方式。合同双方应在专用条款内约定成本构成和酬金的计算方法。

3.1.2　通信工程合同管理的内容

就通信建设工程而言，从项目的勘察设计、建设施工、材料和设备的采购等各项环节，合同管理都要求监理工程师从投资、进度、质量目标控制的角度出发，依据有关规定，认真处理好合同的签订、分析及工程项目实施过程中出现的违约、变更、索赔、延期、分包、纠纷调解和仲裁等问题。

监理工程师合同管理的内容主要包括勘察合同、设计合同、施工合同、物资采购合同的管理。

1. 勘察合同管理的内容

1) 勘察合同示范文本

建设工程勘察合同是指根据建设工程的要求，查明、分析、评价建设站址的地质地理环境、通信机房环境、管线路由、岩土工程条件等，编制建设工程勘察文件的协议。为了保证勘察合同的内容完备、责任明确、风险责任分担合理，建设部和国家工商行政管理局在 2000 年颁布了建设工程勘察合同示范文本，并按照委托勘察任务的不同分为两个版本，其中 GF—2000—0203 示范文本适用于为设计提供勘察工作的委托任务；GF—2000—0204 示范文本的委托工作内容仅涉及岩土工程。

在委托监理时，监理工程师应在前期工作中建议委托人采用示范文本与勘察人签订勘察合同，并就双方约定的具体内容进行补充。

2) 勘察合同履行的管理

监理工程师应依据委托人和勘察人在合同中约定的权利、义务开展勘察合同履行的管理工作。

(1) 发包人(监理的委托人)的责任。发包人委托任务时，必须以书面形式向勘察人明确勘察任务及技术要求，并按合同的规定向勘察人提供下列文件资料：

① 本工程批准文件(复印件)，用地(附红线范围)、施工、勘察许可等批件(复印件)。

② 工程勘察任务委托书、技术要求和工作范围的地形图、建筑总平面布置图。

③ 勘察工作范围已有的技术资料及工程所需的坐标与标高资料。

④ 勘察工作范围地下已有埋藏物的资料(如电力、电讯电缆、各种管道、人防设施、洞室等)及具体位置分布图。

若发包人不能提供上述资料，而由勘察人收集的，则发包人需向勘察人支付相应费用。在勘察现场范围内，不属于委托勘察任务而又没有资料、图纸的地区(段)，发包人应负责查清地下埋藏物。若因未提供上述资料、图纸，或提供的资料、图纸不可靠及地下埋藏物不清，致使勘察人在勘察工作过程中发生人身伤害或造成经济损失时，由发包人承担民事责任。

(2) 勘察人的责任。勘察人应按国家技术规范、标准、规程和发包人的任务委托书及技术要求进行工程勘察，按合同规定的时间提交质量合格的勘察成果资料，并对其负责。

若勘察人提供的勘察成果资料质量不合格，则勘察人应负责无偿给予补充完善使其达到质量合格。若勘察人无力补充完善，需另委托其他单位时，则勘察人应承担全部勘察费用。因勘察质量造成重大经济损失或工程事故时，勘察人除应负法律责任和免收直接受损失部分的勘察费外，还应根据损失程度向发包人支付赔偿金。赔偿金由发包人、勘察人在合同内约定实际损失的百分比。

在工程勘察前，勘察人提出勘察纲要或勘察组织设计，派人与发包人员一起验收发包人提供的材料。在勘察过程中，根据工程的岩土工程条件(或工作现场地形地貌、地质和水文地质条件)及技术规范要求，勘察人向发包人提出增减工作量或修改勘察工作的意见，并办理正式的变更手续。

在现场工作的勘察人员应遵守发包人的安全保卫及其他有关的规章制度，承担其对有关资料的保密义务。

2. 设计合同管理的内容

1) 设计合同示范文本

建设工程设计合同是指根据建设工程的要求，对建设工程所需的技术、经济、资源、环境等条件进行综合分析、论证，编制建设工程设计文件的协议。为了保证设计合同的内容完备、责任明确、风险责任分担合理，建设部和国家工商行政管理局在 2000 年颁布了建设工程设计合同示范文本。设计合同分为两个版本，其中 GF—2000—0209 示范文本适用于民用建设工程设计的合同；GF—2000—0210 示范文本适用于委托专业工程的设计。

在委托监理时，监理工程师应在前期工作中建议委托人采用示范文本与设计人签订设计合同，并就双方约定的具体内容进行补充。

2) 设计合同履行管理

监理工程师应依据委托人和设计人在合同中约定的权利、义务开展设计合同履行的管理工作，具体包括以下文件的管理。

(1) 初步设计阶段：总体设计(大型工程)、方案设计、编制初步设计文件。

(2) 技术设计阶段：提出技术设计计划、编制技术设计文件、参加初步审查并做必要修正。

(3) 施工图设计阶段：建筑设计、结构设计、设备设计、专业设计的协调、编制施工图设计文件。

《建设工程质量管理条例》规定，设计单位未根据勘察成果文件进行工程设计的，设计单位指定建筑材料、建筑构配件的生产厂、供应商的，设计单位未按照工程建设强制性标准进行设计的，均属于违反法律和法规的行为，应追究设计人的责任。

3. 施工合同管理的内容

1) 施工合同示范文本

建设工程施工合同是发包人与承包人就完成具体工程项目的建筑施工、设备安装、设备调试、工程保修等工作内容，确定双方权利和义务的协议。

建设工程施工合同的版本为 GF—1999—0201。施工合同示范文本由协议书、通用条款、专用条款三部分组成，如图 3-1 所示，并附有三个附件，条款内容不仅涉及各种情况下双方的合同责任和规范化的履行管理程序，还涵盖了变更、索赔、不可抗力、合同的被迫终止、争议的解决等方面的处理原则。

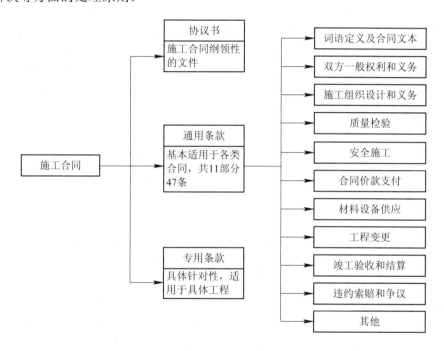

图 3-1　建设工程施工合同组成

施工合同示范文本中条款属推荐使用，监理工程师可建议委托人采用示范文本，并结合具体的工程特点加以取舍、补充，从而使发包人和承包人双方签订责任明确、操作性强的施工合同。

2) 准备阶段合同管理的内容

(1) 施工图纸。发包人应在合同约定的日期前，按专用条款约定的份数免费供应承包人图纸，以保证承包人及时编制施工进度计划和组织施工。承包人要求增加图纸套数时，发包人应代为复制，但复制费用由承包人承担。若是承包人负责设计或部分由承包人负责设计的图纸，则应在合同约定的时间内完成设计文件的审批。

(2) 施工进度计划。承包人应当在专用条款约定的日期内，将施工组织设计和施工进度计划提交发包人代表及监理工程师。监理工程师接到承包人提交的进度计划后，应当予以确认或者提出修改意见。如果发包人代表或监理工程师逾期不确认也不提出书面意见，则视为已经同意。发包人代表及监理工程师对进度计划和承包人施工进度的认可，不免除承包人对施工组织设计和工程进度计划本身的缺陷所应承担的责任。

(3) 施工前的相关准备工作。开工前,发包人还应组织图纸会审和设计交底,并按照专用条款的规定使施工现场具备施工条件、开通施工现场公共道路等;承包人应当做好施工人员和设备的调配工作等。

(4) 开工。承包人应在专用条款约定的时间内按时开工,以保证在合理工期内及时竣工。但在特殊情况下,如工程的准备工作不具备开工条件,则应按合同的约定区分延期开工的责任。

(5) 工程的分包。施工合同范本的通用条件规定,未经发包人同意,承包人不得将承包工程的任何部分分包;工程分包不能解除承包人的任何责任和义务。发包人控制工程分包的基本原则是:主体工程的施工任务不允许分包,主要工程量必须由承包人完成。经过发包人同意的分包工程,承包人选择的分包人需要提请监理工程师同意。监理工程师主要审查分包人是否具备实施分包工程的资质和能力,未经审查同意的分包人不得进入现场参与施工。

(6) 支付工程预付款。合同约定有工程预付款的,发包人应按规定的时间和数额支付预付款。为了保证承包人如期进行施工前的准备工作和开始施工,预付时间应不迟于约定的开工日期前 7 天。

3) 施工过程合同管理的内容

(1) 对材料和设备的质量控制。即对到货的材料和设备进行检验。工程项目使用的材料和设备按照专用条款约定的采购供应责任,可以由承包人负责,也可以由发包人提供全部或部分材料和设备。为了防止材料和设备在现场储存时间过长或保管不善而导致质量的降低,应在用于永久工程施工前对材料和设备进行必要的检查和试验。

(2) 对施工质量的监督管理。监理人员在施工过程中应采用巡视、旁站、平行检验等方式监督检查承包人的施工工艺和产品质量,对施工过程进行严格控制。

(3) 隐蔽工程与重新检验。由于隐蔽工程在施工中一旦完成隐蔽,将很难再对其进行质量检查(检查成本往往很高),因此必须在隐蔽前进行检查验收。对于中间验收,合同双方应在专用条款中约定,对需要进行中间验收的单项工程和部位及时进行检查、试验,不应影响后续工程的施工。发包人应为检验和试验提供便利条件。检验程序主要有承包人自检、监理工程师随工检验,检验合格后予以签认,不合格的进行整改并复检。一般情况下,隐蔽工程经监理工程师随工检验合格后,初验时不再进行重复检验,但当建设单位对某部分的工程质量有怀疑时,监理工程师可要求承包人对已经隐蔽的工程进行重新检验。承包人接到通知后,应按要求进行剥离或开孔,并在检验后重新覆盖或修复。重新检验如果质量合格,则发包人承担由此发生的全部追加合同价款,赔偿承包人的损失,并相应顺延工期;如果检验不合格,则承包人承担发生的全部费用,工期不予顺延。

(4) 施工进度管理。工程开工后,合同履行即进入施工阶段,直至工程竣工。这一阶段监理工程师进行进度管理的主要任务是控制施工工作按进度计划执行,确保施工任务在规定的合同工期内完成。

(5) 设计变更管理。施工合同范本中将工程变更分为工程设计变更和其他变更两类。其他变更是指合同履行中发包人要求变更工程质量标准及其他实质性变更。发生这类情况后,由当事人双方协商解决。工程施工中经常发生设计变更,对此通用条款具有较详细的规定。

(6) 工程量的确认。由于签订合同时在工程量清单内开列的工程量是估计工程量，实际施工可能与其有差异，因此发包人支付工程进度款前，应由监理工程师对承包人完成的实际工程量予以确认或核实，按照承包人实际完成的工程量进行支付。

(7) 不可抗力。不可抗力是指合同当事人不能预见、不能避免并且不能克服的客观情况，建设工程施工中的不可抗力包括因战争、动乱、空中飞行物坠落或其他非发包人和承包人责任造成的爆炸、火灾以及专用条款约定的风、雨、雪、洪水、地震等自然灾害。

不可抗力事件发生后，对施工合同的履行会造成较大的影响。监理工程师应当有较强的风险意识，包括及时识别可能发生不可抗力风险的因素，督促当事人转移或分散风险(如投保等)，监督承包人采取有效的防范措施(如减少发生爆炸、火灾等隐患)，不可抗力事件发生后能够采取有效手段尽量减少损失等。

(8) 施工环境和安全管理。监理工程师应监督现场的正常施工工作，以符合行政法规和合同的要求，做到文明施工；遵守法规对环境的要求，保持现场的整洁，重视施工安全。

4) 竣工阶段合同管理的内容

(1) 工程试运行。设备安装工作完成后，要对设备运行的性能进行检验。试运行期间发生问题时，由监理工程师督促相关责任单位进行处理。

(2) 竣工验收。工程验收是合同履行中的一个重要工作阶段，工程未经竣工验收或竣工验收未通过的，发包人不得使用。若发包人强行使用，则由此发生的质量问题及其他问题由发包人承担责任。工程竣工验收通过，承包人送交竣工验收报告的日期为实际竣工日期。工程按发包人要求修改后通过竣工验收的，实际竣工日期为承包人修改后提请发包人验收的日期。这个日期的重要作用是用于计算承包人的实际施工期限，与合同约定的工期比较后，确认是提前竣工还是延误竣工。合同约定的工期指协议书中写明的时间与施工过程中遇到合同约定可以顺延工期条件情况后，经过总监理工程师确认应给予承包人顺延工期之和。承包人的实际施工期限为从开工日起到上述确认为竣工日期之间的日历天数。开工日正常情况下为专用条款内约定的日期，也可能是由于发包人或承包人要求延期开工，经总监理工程师确认的日期。

(3) 工程保修。承包人应当在工程竣工验收之前与发包人签订质量保修书，并作为合同附件。质量保修书的主要内容包括工程质量保修范围和内容、质量保修期、质量保修责任。保修费用和其他约定五部分。保修期从竣工验收合格之日起计算。属于保修范围、保修内容的项目，承包人应在接到发包人的保修通知起 7 天内派人保修。承包人不在约定期限内派人保修，发包人可以委托其他人修理。发生紧急抢修事故时，承包人接到通知后应当立即到达事故现场抢修。质量保修完成后，由发包人组织验收。

4. 物资采购合同管理的内容

建设工程物资采购合同是指平等主体的自然人、法人、其他组织之间，为实现建设工程物资买卖而设立、变更、终止相互权利义务关系的协议。

1) 材料采购合同管理的内容

按照《中华人民共和国合同法》的分类，材料采购合同属于买卖合同。国内物资购销合同的示范文本规定，合同条款应包括以下几方面内容：

(1) 产品名称、商标、型号、生产厂家、订购数量、合同金额、供货时间及每次供应数量；

(2) 质量要求的技术标准、供货方对质量负责的条件和期限;

(3) 交(提)货地点、方式;

(4) 运输方式及到达目的站(港)之费用的负担责任;

(5) 合理损耗及计算方法;

(6) 包装标准、包装物的供应与回收;

(7) 验收标准、方法及提出异议的期限;

(8) 随机备品、配件工具数量及供应办法;

(9) 结算方式及期限;

(10) 如需提供担保,另立合同担保书作为合同附件;

(11) 违约责任;

(12) 解决合同争议的方法;

(13) 其他约定事项。

2) 大型设备采购合同管理的内容

大型设备采购合同指采购方(业主或承包人)与供货方(生产厂家或供货商)为提供工程项目所需的大型复杂设备而签订的合同。大型设备采购合同的标的物可能是非标准产品,需要专门加工制作,也可能虽为标准产品,但因技术复杂而市场需求量较小,一般没有现货供应,待双方签订合同后由供货方专门进行加工制作,因此属于承揽合同的范畴。一个较为完备的大型设备采购合同通常由合同条款和附件组成。

当事人双方根据具体订购设备的特点和要求,在合同内约定以下几方面的内容:合同中的词语定义;合同标的;供货范围;合同价格;付款;交货和运输;包装与标记;技术服务;质量监造与检验;安装、调试、时运和验收;保证与索赔;保险;税费;分包与外购;合同的变更、修改、中止和终止;不可抗力;合同争议的解决;其他。

3.1.3　通信工程合同的争议及解除

1. 合同争议

(1) 合同争议的解决方式。合同争议的解决方式有和解、调解、仲裁、诉讼四种。争议调解方式应在合同专用条款中约定。

(2) 合同争议发生后允许停止履行合同的情况。发生争议后,应继续履行合同,保持施工的连续性,保护好已完工程。只有出现下列情况时,当事人可停止履行合同:单方违约导致合同确已无法履行,双方协议停止施工;调解要求停止施工,且为双方接受;仲裁机构要求停止施工;法院要求停止施工。

2. 合同解除

合同订立后,当事人应该按照合同的约定履行。下列情形当事人可以解除合同。

(1) 合同的协商解除。合同当事人在合同成立以后,履行完毕以前,通过协商而同意终止合同关系的解除。

(2) 发生不可抗力时合同的解除。因为不可抗力或者非合同当事人的原因,造成工程停建或缓建,致使合同无法履行,合同双方可以解除合同。

(3) 当事人违约时合同的解除。当事人违约时合同的解除包括以下几个内容。

① 建设单位不按合同约定支付工程款(进度款),双方又未达成延期付款协议,导致施工无法进行,施工单位停止施工超过规定时间,建设单位仍不支付工程款(进度款)的,施工单位有权解除合同。

② 建设单位将其承包的全部工程转包给他人或者肢解后以分包的名义分别转包给他人,施工单位有权解除合同。

③ 合同当事人一方的其他违约致使合同无法履行,合同双方可以解除合同。

3. 解除合同的相关规定

一方主张解除合同的,应在规定时间内向对方发出解除合同的书面通知,并在发出通知前 7 天告知对方,通知到达对方时合同解除。对解除合同有异议的,按照解决合同争议程序处理。合同解除后,当事人约定的结算和清理条款仍然有效。施工单位应该按照发包人的要求妥善做好已完工程和已购材料、设备的保护和移交工作,按建设单位要求将自有机械设备和人员撤出施工场地。建设单位应为施工单位撤出提供必要条件,支付所发生的费用,并按合同约定支付已完工程款。已订货的材料、设备由订货方负责退货或解除订货合同,不能退还的货款和因退货、解除订货合同发生的费用,由责任方承担。因未及时退货造成的损失由责任方承担。除此之外,有过错的一方应当赔偿因合同解除给对方造成的损失。

3.2 通信工程信息管理

3.2.1 通信工程信息管理概述

1. 通信工程信息管理的概念

在日常工作中,我们大量接触的是各种数据,数据和信息既有联系又有区别。从信息处理的角度定义,数据是客观实体属性的反映,是一组表示数量、行为和目标,可以记录下来加以鉴别的符号。信息是在对数据进行处理,并经过人的进一步解释后所得到的。由此可知,信息来源于数据,又不同于数据,信息和数据是不可分割的。人们使用信息,为决策和管理服务。信息是决策和管理的基础,决策和管理依赖信息,正确的信息有助于正确的决策,不正确的信息会造成决策的失误,管理则更离不开系统信息的支持。

通信建设工程的信息管理是对工程过程(包括勘察设计阶段、施工阶段、验收及保修阶段)中信息的收集、分析、储存、传递与应用等一系列工作的总称。

2. 通信工程信息管理的特点

通信工程信息管理具有如下几个特点。

(1) 真实性。事实是信息的基本特点,真实、准确地把握好信息是处理数据的最终目的。

(2) 系统性。信息的系统性表现在信息之间的联系,监理人员应能将监理过程中的数据进行分析,发现它们之间的联系,形成信息,完善管理系统。

(3) 时效性。信息在工程实际中是动态的、不断变化的、随时产生的,重视信息的时效,及时获取信息,有助于做到事前控制。

(4) 不完全性。由于人们对客观事物认识的局限性,会使信息不完全,认识到这一点,有助于减少由于不完全性带来的负面影响，也有助于提高我们对客观规律的认识，避免不完全性。

(5) 层次性。人们因从事的工作不同，而对信息的需求也不同，我们一般把信息分为决策级、管理级、作业级三个层次，不同层次的信息在内容、来源、精度、使用时间、使用频率上有所不同。

3. 通信工程信息管理的构成

由于通信工程信息管理涉及多部门、多环节、多专业、多渠道，工程信息量大，来源广泛，形式多样，主要的信息形态有。

(1) 文字图形信息：包括勘察设计文件、合同、竣工技术文件、监理资料等信息。

(2) 语音信息：包括做指示、汇报、介绍情况、建议、工作讨论和研究等信息。

(3) 电子图像信息：包括通过摄像、摄影等手段取得的信息。

4. 通信工程信息管理的分类

信息分类是指在一个信息管理系统中，将各种信息按一定的原则和方法进行区分和归类，并建立起一定的分类系统和排列顺序，以便管理和使用信息。

1) 按照建设工程的目标划分

按照建设工程的目标不同，通信工程信息可分为以下几类。

(1) 造价控制信息：指与造价控制直接有关的信息，如各种估算指标，类似工程造价，物价指数；概算定额，设计概算；预算定额，施工图预算；工程项目投资估算；合同价组成；投资目标体系；计划工程量，已完工程量，单位时间付款报表，工程量变化表，人工材料调价表；索赔费用表；投资偏差，已完工程结算；竣工结算，施工阶段的支付账单；原材料价格，机械设备的台班费，人工费，运杂费等。

(2) 质量控制信息：指与建设工程项目质量有关的信息，如国家有关的质量法规、政策及质量标准，项目建设标准；质量目标体系和质量目标的分解；质量控制的工作流程，质量控制的工作制度，质量控制的方法；质量控制的风险分析；质量抽样检查的数据；各个环节工作的质量(工程项目决策的质量、设计的质量、施工的质量)；质量事故记录和处理报告等。

(3) 进度控制信息：指与进度相关的信息，如施工定额；项目总进度计划，进度目标分解，项目年度计划，工程总网络计划和子网络计划，计划进度与实际进度偏差；网络计划的优化，网络计划的调整情况；进度控制的工作流程，进度控制的工作制度，进度控制的风险分析等。

(4) 合同管理信息：指与建设工程相关的各种合同信息，如工程招投标文件；工程建设施工承包合同，物资设备供应合同，咨询、监理合同；合同的指标分解体系；合同签订、变更、执行情况；合同的索赔等。

(5) 安全管理信息：指与安全管理相关的信息，如按国家相关规范制定的项目建设安全要求和安全标准；按国家要求配备的安全员；针对分项工程、分部工程和单位工程进行的安全检查记录；要求各参建单位签订的安全协议和保证等。

2) 按照建设工程项目信息的来源划分

按照建设工程项目信息的来源不同，通信工程信息可分为以下几类。

(1) 项目内部信息：指建设工程项目各个阶段、各个环节、各有关单位发生的信息总体。内部信息取自建设项目本身，如工程概况、设计文件、施工方案、合同结构、合同管理制度；信息资料的编码系统、信息目录表；会议制度、监理机构的组织；项目的投资目标、项目的质量目标、项目的进度目标等。

(2) 项目外部信息：来自项目外部环境的信息称为外部信息，如上级主管部门发布的各类行政文件；业主反馈的满意度评价及投诉信息；施工单位、设计单位反馈的信息；政策法规、标准类信息(如法律、法规、条例、标准、规范等)。

3) 按照信息的稳定程度划分

按照信息的稳定程度不同，通信工程信息可分为以下几类。

(1) 固定信息：指在一定时间内相对稳定不变的信息，包括标准信息、计划信息和查询信息。标准信息主要指各种定额和标准，如施工定额、原材料消耗定额、生产作业计划标准、设备和工具的耗损程度等。计划信息反映在计划期内已定任务的各项指标情况。查询信息主要指国家和行业颁发的技术标准、不变价格、监理工作制度、监理工程师的人事信息等。

(2) 流动信息：指不断变化的动态信息，如项目实施阶段的质量、投资及进度的统计信息；某一时点的项目建设的实际进程及计划完成情况；项目实施阶段的原材料实际消耗量、机械台班数、人工工日数等。

4) 按照信息的层次划分

按照信息的层次不同，通信工程信息可分为以下几类。

(1) 战略性信息：指项目建设工程中的战略决策所需的信息，如投资总额、建设总工期、承包商的选定、合同价的确定等信息。

(2) 管理型信息：指用于管理需要的信息，如项目年度计划、财务计划等。

(3) 业务性信息：指各业务部门的日常信息，较具体，精度较高。

5) 按照信息管理功能划分

按照信息管理的功能不同，通信工程信息可划分为投资控制信息、质量控制信息、进度控制信息、合同管理信息，每类信息根据工程建设各阶段项目管理的工作内容又可进一步细分，如图 3-2 所示。

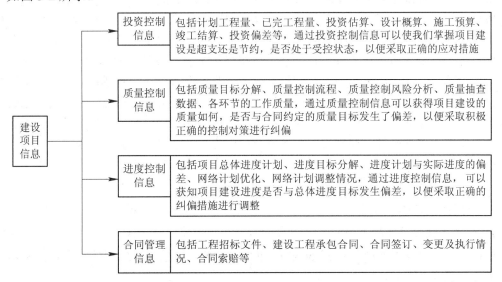

图 3-2   信息管理分类

6) 按照其他标准划分

(1) 按照信息范围的不同，通信工程信息可分为精细的信息和摘要的信息两类。

(2) 按照信息时间的不同，通信工程信息可分为历史性信息、即时性信息和预测性信息三大类。

(3) 按照监理阶段的不同，通信工程信息可分为计划的、作业的、核算的、报告的信息。在监理开始时，要有计划的信息；在监理工程中，要有作业的和核算的信息；在某一项目的监理工作结束时，要有报告的信息。

(4) 按照对信息的期待性不同，通信工程信息可分为预知的和突发的信息两类。预知的信息是监理工程师可以估计到的信息，产生在正常情况下；突发的信息是监理工程师难以预测的信息，发生在特殊情况下。

以上是常用的几种分类形式。合理且科学地对信息进行分类，有助于监理人员根据监理工作的不同要求，选择适当的信息。

3.2.2　通信工程监理信息的管理

1. 监理信息(资料)收集的内容

1) 勘察设计阶段

勘察设计阶段是工程建设的重要阶段，在勘察设计阶段决定了工程规模、工程的概算、技术先进性、适用性、标准化程度等一系列具体的要素。

监理单位在勘察设计阶段的信息收集要从以下几方面进行：可行性研究报告；同类工程的相关信息；工程所在地相关信息；设计单位相关信息；法律法规相关信息；设计产品形成过程的相关信息。

2) 施工阶段

目前，我国的监理大部分在施工阶段进行，有比较成熟的经验和完善的制度，各地对施工阶段信息规范化也提出了不同的要求，建设工程竣工验收规范也已经配套，建设工程档案制度也比较成熟。监理资料一般由以下几部分组成：施工合同文件及委托监理合同；勘察设计文件；监理规划；监理实施细则；分包单位资格报审表；设计交底与图纸会审会议纪要；施工组织设计(方案)报审表；工程开工/复工报审表及工程暂停令；测量核验资料；工程进度计划；工程材料、构配件、设备的质量证明文件；检查试验资料；工程变更资料；隐蔽工程验收资料；工程计量单和工程款支付证书；监理工程师通知单；监理工作联系单；报验申请表；会议纪要；来往函件；监理日记；监理周(月)报；质量缺陷与事故的处理文件；分部工程、单位工程等验收资料；安全监督管理资料；索赔文件资料；竣工结算审核意见书；工程项目施工阶段质量评估报告等专题报告；监理工作总结。

2. 常用监理表格及填写要求

1) 通信建设常用监理表格

根据《工程建设监理规范》GB 50319—2000，规范中通信建设常用监理表格的基本表式有三类，如表 3-1 所示。

A 类表格共 10 个(A1～A10)，为承包单位用表，是承包单位与监理单位之间的联系表，由承包单位填写，向监理单位提交申请或回复。

B 类表格共 6 个(B1～B6)，为监理单位用表，是监理单位与承包单位之间的联系表，由监理单位填写，向承包单位发出指令或批复。

C 类表格共 2 个(C1、C2)，为各方通用表，是监理单位、承包单位、建设单位等相关单位之间的联系表。

表 3-1　通信建设常用监理表格

编号	表格名称	备　注
A 类表格承包单位使用		
A1	工程开工/复工报审表	
A2	施工组织设计(方案)报审表	
A3	分包单位资格报审表	
A4	＿＿＿＿＿＿报验申请表	
A5	工程款支付申请表	
A6	监理工程师通知回复单	
A7	工程临时延期申请表	
A8	费用索赔申请表	
A9	工程材料/构配件/设备报审表	
A10	工程竣工报验单	
B 类表格监理单位使用		
B1	监理工程师通知单	
B2	工程暂停令	
B3	工程款支付证书	
B4	工程临时延期审批表	
B5	工程最终延期审批表	
B6	费用索赔审批表	
C 类表格各方通用		
C1	监理工作联系单	
C2	工程变更单	

2) 表格填写要求(表格见附录)

(1) 承包单位用表(A 类表)填写要求。

① 工程开工/复工报审表(A1)。施工阶段承包单位向监理单位报请开工和工程暂停后报请复工时填写，如整个项目一次开工，则只填报一次；如工程项目中涉及多个单位工程且开工时间不同，则每个单位工程开工都应填报一次。总监理工程师认为具备条件时签署意见，报建设单位。

申请开工时，承包单位认为已具备开工条件时向项目监理机构申报“工程开工报审表”，监理工程师应从下列几个方面审核，认为具备开工条件时，由总监理工程师签署意见，报建设单位，具体条件为：施工组织设计已获总监理工程师批准；承包单位项目经理部现场管理人员已到位，施工人员已进场，施工用的仪器和设备已落实；施工现场(如机房条件)已具备。

由于建设单位或其他非承包单位的原因导致工程暂停，在施工暂停原因消失、具备复工条件时，项目监理机构应及时督促施工单位尽快报请复工；由于施工单位导致工程暂停，在具备恢复施工条件时，承包单位报请复工报审表并提交有关材料，总监理工程师应及时签署复工报审表，施工单位恢复正常施工。

② 施工组织设计(方案)报审表(A2)。施工单位在开工前向项目监理机构报送施工组织设计(方案)的同时，填写施工组织设计(方案)报审表，施工过程中，如经批准的施工组织设计(方案)发生改变，项目监理机构要求将变更的方案报送时，也采用此表。施工方案应包括工程项目监理机构要求报送的分部(分项)工程施工方案、季节性施工方案、重点部位及关键工序的施工工艺方案等。总监理工程师应组织审查并在约定时间内审核，同时报送建设单位，需要修改时，应由总监理工程师签发书面意见退回承包单位修改后再报，重新审核。

审核的主要内容为：施工组织设计(方案)是否有承包单位负责人签字；施工组织设计(方案)是否符合施工合同要求；施工总平面图是否合理；施工部署是否合理，施工方法是否可行，质量保证措施是否可靠并具备针对性；工期安排是否能够满足施工合同要求，进度计划是否能保证施工的连续性和均衡性，施工所需人力、材料、设备与进度计划是否协调；承包单位项目经理部的质量管理体系、技术管理体系、质量保证体系是否健全；安全、环保、消防和文明施工措施是否符合有关规定；季节施工、专项施工方案是否可行、合理和先进等。

③ 分包单位资格报审表(A3)。由承包单位报送监理单位，专业监理工程师和总监理工程师分别签署意见，审查批准后，分包单位完成相应的施工任务。审核的主要内容有：分包单位的资质(营业执照、资质等级)；分包单位的业绩材料；拟分包工程的内容、范围；专职管理人员和特种作业人员的资格证、上岗证。

④ _____报验申请表(A4)。本表主要用于承包单位向监理单位的工程质量检查验收申报。用于隐蔽工程的检查和验收时，承包单位必须完成自检并附有相应工序、部位的工程质量检查记录；用于施工放样报验时，应附有承包单位的施工放样成果；用于分项、分部、单位工程质量验收时，应附有相关符合质量验收标准的资料及规范规定的表格。

⑤ 工程款支付申请表(A5)。在分项、分部工程或按照施工合同付款的条款完成相应工程的质量已通过监理工程师认可后，承包单位要求建设单位支付合同内项目及合同外项目的工程款时，填写本表向项目监理机构申报，附件有施工合同中有关规定的说明(用于工程预付款支付申请)；竣工结算资料、竣工结算协议书(申请工程竣工结算款支付)；《工程变更单》(C2)及相关资料(申请工程变更费用支付)；《费用索赔审批表》(B6)及相关资料(申请索赔费用支付)；合同内项目及合同外项目其他应附的付款凭证。

项目监理机构的专业监理工程师对本表及其附件进行审核，提出审核记录及批复建议。同意付款时，由总监理工程师审批，注明应付的款额及其计算方法，并将审批结果以《工程款支付证书》(B3)批复给施工单位并通知建设单位。不同意付款时应说明理由。

⑥ 监理工程师通知回复单(A6)。本表用于承包单位接到项目监理机构的《监理工程师通知单》(B1)，并已完成了监理工程师通知单上的工作后，报请项目监理机构进行核查。表中应对监理工程师通知单中所提问题产生的原因、整改经过和今后预防同类问题准备采取的措施进行详细的说明，且要求承包单位对每一份监理工程师通知单都要给予答复。监理工程师应对本表所述完成的工作进行核查，签署意见，批复给承包单位。本表一般可由专业监理工程师签认，重大问题由总监理工程师签认。

⑦ 工程临时延期申请表(A7)。当发生工程延期事件并产生持续性影响时，承包单位填报本表，向项目监理机构申请工程临时延期，工程延期事件结束，承包单位向项目监理机构最终申请确定工程延期的日历天数及延迟后的竣工日期。此时应将本表表头的"临时"两字改为"最终"。申报时应在本表中说明工期延误的依据、工期计算、申请延长的竣工日期，并附有证明材料。项目监理机构对本表所述情况进行审核评估，分别用《工程临时延期审批表》(B4)及《工程最终延期审批表》(B5)批复给承包单位项目经理部。

⑧ 费用索赔申请表(A8)。本表用于索赔事件结束后，承包单位向项目监理机构提出费用索赔时填报。在本表中详细说明索赔事件的经过、索赔理由、索赔金额的计算等，并附有必要的证明材料，由承包单位项目经理签字。总监理工程师应组织监理工程师对本表所述情况及所提的要求进行审查与评估，并与建设单位协商后，在施工合同规定的期限内签署《费用索赔审批表》(B6)，或要求承包单位进一步提交详细资料后重新申请，批复承包单位。

⑨ 工程材料/构配件/设备报审表(A9)。本表用于承包单位将进入施工现场的工程材料/构配件经自验合格后，由承包单位项目经理签章，向项目监理机构申请验收；对运到施工现场的设备，经检查包装无损后，向项目监理机构申请验收，并移交给设备安装单位。工程材料/构配件还应该注明使用部位。随本表应同时报送材料/构配件/设备数量清单、质量证明文件(产品出厂合格证、材料质量化验单、厂家质量检验报告、厂家质量保证书、进口商品报验证书、商检证书等)、自检结果文件(如复检、复试合格报告等)。项目监理机构应对进入施工现场的工程材料/构配件进行检验(包括抽验、平行检验、见证取样送检等)，对进厂的大中型设备要会同设备安装单位共同开箱验收。检验合格时，监理工程师在本表上签名确认，注明质量控制资料和材料试验合格的相关说明；检验不合格时，在本表上签批不同意验收，工程材料/构配件设备应退出场地；也可根据情况批示同意进场但不得使用于原拟定部位。

⑩ 工程竣工验收证书(A10)。在单位工程竣工、承包单位自检合格、各项竣工资料备齐后，承包单位填报本表向项目监理机构申请竣工验收。表中附件是可用于证明工程已按合同预定完成并符合竣工验收要求的资料。总监理工程师收到本表及附件后，应组织各专业的监理工程师对竣工资料及各专业工程的质量进行全面检查，若检查出问题，则应督促承包单位及时整改；若合格，则由总监理工程师签署本表，并向建设单位提出质量评估报告，完成竣工预验收。

(2) 监理单位用表(B 类表)填写要求。

① 监理工程师通知单(B1)。本表为重要的监理用表，是项目监理机构按照委托监理合同所授予的权限，针对承包单位出现的各种问题而发出的要求承包单位进行整改的指令性文件。项目监理机构使用此表时要注意尺度，既不能不发监理通知，也不能滥发，以维护监理通知的权威性。监理工程师现场发出口头指令及要求时，也应采用本表，事后应予以确认。承包单位应使用《监理工程师通知回复单》(A6)回复。本表一般由专业监理工程师签发，但发出前必须经过总监理工程师同意，重大问题应由总监理工程师签发。填写时，"事由"应填写通知内容的主题词，相当于标题；"内容"应写明发生问题的具体部位、具体内容，及相关监理工程师的要求和依据。

② 工程暂停令(B2)。发生以下任意一种情形：建设单位要求且工程需要暂停施工；出现工程质量问题，必须停工处理；出现质量问题或者安全隐患，为避免造成工程质量损失或危及人身安全而需要暂停施工；承包单位未经许可擅自施工或拒绝项目监理机构管理；发生

了必须暂停施工的紧急事件时，总监理工程师应根据停工原因和影响范围，确定工程的停工范围，签发工程暂停令，向承包单位下达工程暂停的指令。签发本表要慎重，要考虑工程暂停后可能产生的各种后果，并应事前与建设单位协商，以取得一致意见。

③ 工程款支付证书(B3)。本表为项目监理机构收到承包单位报送的《工程款支付申请表》(A5)后用于批复用表，由各专业监理工程师按照施工合同进行审核，及时抵扣工程预付款后，确认应该支付工程款的项目及款项，提出意见，经过总监理工程师审核签认后，报送建设单位，作为支付的证明，同时批复给承包单位，随本表应附承包单位报送的《工程款支付申请表》及其附件。

④ 工程临时延期审批表(B4)。本表用于项目监理机构接到承包单位报送的《工程临时延期申请表》(A7)后，对申报情况进行审核、调查与评估后，初步做出是否同意延期申请的批复。表中"说明"是总监理工程师同意或不同意工程临时延期的理由和依据，如同意，则应注明暂时同意工期延长的日数，延长后的竣工日期。同时应指令承包单位在工程延长期间，随延期时间的推移，应陆续补充的信息与资料。本表由总监理工程师签发，签发前应征得建设单位同意。

⑤ 工程最终延期审批表(B5)。本表用于工程延期事件结束后，项目监理机构根据承包单位报送的《工程临时延期申请表》(A7)及延期事件发展期间陆续报送的有关资料，对申报情况进行调查、审核与评估后，向承包单位下达的最终是否同意工程延期日数的批复。表中"说明"是总监理工程师同意或不同意工程最终延期的理由和依据，同时应注明最终同意工期延长的日数及竣工日期。本表由总监理工程师签发，签发前应征得建设单位同意。

⑥ 费用索赔审批表(B6)。本表用于收到施工单位报送的《费用索赔申请表》(A8)后，项目监理机构针对此项索赔事件，进行全面的调查了解、审核与评估后，做出的批复。本表中应详细说明同意或不同意此项索赔的理由，同意索赔时，注明同意支付的索赔金额及其计算方法，并附有关的资料。本表由专业监理工程师审核后，报总监理工程师签批，签批前应与建设单位、承包单位协商确定批准的赔付金额。

(3) 各方通用表填写要求。

① 监理工作联系单(C1)。本表适用于参与通信建设工程的建设、施工、监理、勘察设计和质监单位相互之间就有关事项的联系。发出单位有权签发的负责人应为建设单位的现场代表(施工合同中规定的工程师)、承包单位的项目经理、监理单位的项目总监理工程师、设计单位的本工程设计负责人、政府质量监督部门的负责监督该建设工程的监督师，不能任何人随便签发。若用正式函件形式进行通知或联系，则不宜使用本表，改由发出单位的法人签发。该表的事由为联系内容的主题词。本表签发的份数根据内容及涉及范围而定。

② 工程变更单(C2)。本表适用于参与通信工程的建设、施工、勘察设计、监理各方使用，在任一方提出工程变更时均应先填本表。建设单位提出工程变更时，填写本表后由工程项目监理机构签发，必要时建设单位应委托设计单位编制设计变更文件并转交项目监理机构；承包单位提出工程变更时，填写本表后报送项目监理机构审查，项目监理机构同意后转呈建设单位，必要时由建设单位委托设计单位编制设计变更文件，并转交项目监理机构，施工单位在收到项目监理机构签署的工程变更单后，方可实施工程变更，工程分包单位的工程变更应通过承包单位办理。

本表的附件应包括工程变更的详细内容，变更的依据，对工程造价及工期的影响程度，对工程项目功能、安全的影响分析及必要的图示。总监理工程师组织监理工程师收集资料,进行调研,并与有关单位磋商,如取得一致意见,则在本表中写明,并经相关建设单位的现场代表、承包单位的项目经理、监理单位的项目总监理工程师、设计单位的本工程设计负责人等在本表上签字,此项工程变更才能生效。本表由提出工程变更的单位填报,份数视内容而定。

3.3　通信工程协调

3.3.1　通信工程协调概述

1. 通信工程协调的概念

通信工程协调是指为了实施某个工程项目建设,工程主体方与工程参与方或工程相关方进行联系、沟通和交换意见,使各方在认识上达到统一,行动上互相配合、互相协作,从而达到共同的目的。对于项目监理机构来说,就是在工程项目管理服务中,以国家有关法律、法规和合同为依据,以实现工程质量、进度、造价目标为前提,积极主动地与工程建设有关各方进行有效的沟通,使各个方面、各个部门及成员的工作同步化、和谐化,促使各方步调一致,以实现预定目标。

2. 通信工程协调的范围

通信工程协调的范围可分为内部协调和外部协调。内部协调是指直接参与工程建设的单位(或个人)之间利益和关系的协调;外部协调是指与工程有一定牵连关系的单位(或个人)之间利益和关系的协调。

1) 内部协调

根据监理合同的相关规定,监理工程师只负责工程各参与单位之间的内部协调。即在工程的勘察、设计阶段,监理工程师应主要做好建设单位与勘察、设计单位之间的协调工作。在施工阶段,监理工程师主要是做好建设单位与承包、材料和设备供应等单位之间的协调工作。

2) 外部协调

受建设单位的委托和授权,项目监理机构可以承担以下的一项或几项对外协调工作。

(1) 办理通信建设工程的各种批文,如主管部门对工程立项的批文,工程沿线市、县、乡、镇政府及相关管理部门对工程路由和征地的批文。

(2) 办理与相关单位的协议、合同等文件,如与铁路、公路、水利、土地、电力、市政等单位或个人签订有关过桥、过路、穿越河流、征用土地、使用电力的合同、协议。

(3) 办理工程的各种施工许可证、车辆通行证、出入证及工程所需场库、驻地租赁协议等。

(4) 按照当地政府的规定,办理工程沿线的农作物、水产、道路、拆迁安置等赔补工作。

(5) 建设单位委托的其他对外协调工作。

3.3.2   通信工程协调的内容

1. 勘察、设计阶段的协调

在勘察、设计阶段，监理工程师主要是审查勘察、设计计划是否满足建设单位的要求；定期召集勘察、设计工作协调会，对勘察、设计中发现的问题提出处理意见；定期向建设单位汇报勘察、设计进度情况，及时沟通建设单位与勘察、设计单位之间的联系；配合建设单位做好对设计单位提供设计方案、工程设备配置、选型和工程选址等事项的确认工作；控制勘察资料和设计文件交付进度；审查设计文件中所列的设备、材料价格、用量，控制工程预算不得超过已批准的概算；审查工程设计技术指标、使用功能、图纸的实用性、可操作性，控制工程设计质量；对勘察设计成果进行评价等。

当有多个勘察、设计单位参与时，监理工程师应统一勘察、设计要求，协调各勘察、设计单位之间的进度、衔接等问题。

2. 施工阶段的协调

在施工阶段，监理工程师主要是协调建设单位与承包单位、材料和设备供应单位之间的关系，解决各单位之间出现的步调不一致的行为。施工阶段的协调主要包括工程进度的协调、工程造价的协调、工程质量的协调、合同管理方面的协调和外部协调。

1) 工程进度的协调

工程进度的协调主要包括与施工单位的协调、与材料和设备供应商的协调以及与设计单位的协调。

(1) 与施工单位的协调：主要内容是审查施工技术力量、机具、施工组织设计，控制工程进度，定期召开工程例会，解决因施工技术力量和机具不足、设计图纸变更以及工程设备材料不能按时交货等影响工程进度的问题。有多家承包单位参与施工时，应协调各承包单位之间的关系，明确各承包单位的分工和界限等。通信管道、线路工程的外部协调工作不到位常常是影响工程进度的重要因素。建设单位如未委托相关单位承担对外协调任务时，监理工程师应根据工程合同条款，督促建设单位和有关人员及时办理对外协调的事项，采取必要的措施，避免影响工程进度及发生索赔事件。

(2) 与材料和设备供应商的协调：主要内容是落实设备、材料供货的时间、地点、批量、规格、质量等级、付款方式，现场检验程序，质量缺陷和售后服务等事项。

(3) 与设计单位的协调：主要内容是设计图纸交付和会审日期，设计图纸变更的处理。

2) 工程造价的协调

工程造价的协调主要包括现场检查、确认工程计量数据；审查工程进度价款和结算款；做好工程设计变更、工程索赔的核实签认。处理设计变更时，监理工程师可召集有建设单位、施工单位和设计单位参加的专题会议进行协商，以求尽快解决，不影响工程进度。

对于工程规模较大的工程应要求设计单位在现场派驻设计人员，解决工程中随时出现的变更问题，可以减少延误，使施工顺利进行。

3) 工程质量的协调

工程质量的协调包括以下几个方面：审查承包单位的施工资质、质量保证措施；检查施工机具、仪表的完好性；组织各方人员对现场设备、材料进行检查；在施工过程中，对各施工工艺操作巡视或旁站检查；发现施工质量问题，及时签发监理指令，要求施工单位整改或暂停施工进行整改；检查工程整改情况，调查和处理工程质量事故；配合和协助质量监督部门对工程质量的检查等。

4) 合同管理方面的协调

合同管理方面的协调主要包括调解建设单位与施工单位在执行合同时的纠纷和争议；双方未履行的合同条款和违约处理；合同工期、合同工程量、合同价款审核；处理工程延期、延误的界定和索赔等。

5) 外部协调

凡是涉及产权、使用权的外部协调工作(如施工环境、施工用地、通信线路的路由审批 等外部协调工作)一般由建设单位负责办理，建设单位在办理过程中监理单位和承包单位应给予支持和协助。建设单位也可委托监理单位或承包单位办理，对建设单位委托监理单位办理的外部协调工作，项目监理机构应积极认真地做好委托办理的事宜。

监理工程师应对工程的外部协调进行督促，并根据外部协调信息及时控制工程进度和工程质量。

3. 工程验收和保修阶段的协调

(1) 工程完工后，项目监理机构通过组织承包单位预验合格后，应向建设单位及时汇报工程质量情况；审查施工单位提交的工程竣工文件，签署竣工验收申请单，协助建设单位组织工程初验前的准备和协调工作。

(2) 由建设单位提供材料和设备的工程，应督促承包单位按照设计、竣工文件、图纸编制工程余料清单，交监理工程师审查。在监理工程师的主持下，将工程余料向建设单位或建设单位指定的其他单位移交。

(3) 对于在初验过程中发现的质量问题，监理工程师应督促责任单位按规定的期限及时整改、修复，并对整改、修复的情况进行检查、确认。

(4) 工程初验合格后，监理工程师应根据有关监理资料，仔细审查由承包单位编制的工程结算报告内容和工程量、工程变更量、工程进度款支付情况，核算工程余款额。

(5) 工程终验合格后，应协助建设单位核算和向承包单位支付工程尾款。

(6) 在工程质量保修期内，监理工程师应对建设单位或维护单位提出的工程质量缺陷进行检查和记录，协调和督促相关责任单位及时到工地现场修复并对修复的工程质量进行检查。同时，对工程质量产生缺陷的原因进行调查、分析，确定责任的归属。对非责任单位原因造成的工程质量缺陷，监理工程师应与建设单位协调，向相关单位支付修复工程的费用。保修期满后，协助建设单位按照工程合同的约定及时向承包单位支付保修金和应支付修复工程的费用。

3.3.3　通信工程协调的方法

1. 工程协调会

(1) 第一次工程协调会(第一次工地会议)。第一次工程协调会应由建设单位主持并召开，参加单位有建设单位、承包(含分包)单位、材料和设备供应单位、监理单位及设计单位(有必要时)等承担本工程建设的主要负责人、专业技术人员和相关管理人员。会议的主要内容有以下几个方面：

① 由建设单位介绍与会各方的人员、工程概况、工期、工程规模、组网方案等，同时介绍工程前期准备情况，如建设用地赔偿、路由审批、设计文件、器材供给和对工程要求等方面的问题。宣布本工程的监理单位，总监理工程师的职责、权限和监理范围。

② 承包单位应介绍施工准备情况，同时介绍到场人员、施工组织、驻地、分屯点、联系方式等，并向与会人员详细介绍施工组织设计内容。

③ 监理单位应由总监理工程师介绍监理规划的主要内容、驻场机构和人员、联系方式，提出对工程的具体要求。

④ 材料和设备供应单位应重点介绍本工程材料和设备性能，对施工工艺的特殊要求，供货时间、地点，接货方式和具体联系方式等。

⑤ 会议确定下一次召开工地例会的时间、地点、参加人员，并形成会议纪要，与会人员会签。

(2) 工地例会。在工程施工过程中，总监理工程师应定期主持召开工地例会，可召集建设单位、施工单位、材料和设备供应单位或设计单位(有必要时)人员参加。项目监理机构应起草例会纪要，并会签。工地例会的目的是总结前一段工作，找出存在问题，确定下一步目标，协调工程施工。例会的主要内容如下：

① 检查上一次会议事项的落实情况，分析未完成原因；

② 分析进度计划完成情况，提出下一步的目标与措施；

③ 分析工程质量情况，提出改进质量的措施；

④ 检查工程量的核定及工程款的支付情况；

⑤ 解决需要协调的其他事宜。

(3) 专题会议。总监理工程师认为有必要时，还应召集有相关单位人员参加的专题会议，讨论和解决工程中出现的专项问题，如施工工艺的变化、工程材料拖延、工程变更、工程进度调整、质量事故调查等。

2. 监理工程师通知单和监理指令

(1) 监理工程师通知单。监理工程师在工程监理范围和权限内，根据工程情况适时发出工程监理的指令性意见，监理工程师通知单应写明日期、签发人、签收人、签收单位，并应写明事由、内容、要求、处理意见等，监理工程师通知单应事实准确，处理意见恰当。

(2) 监理指令。监理指令包括开工令、暂停施工令、复工令、现场指令等。总监理工程师应根据建设单位的要求和工程的实际情况，发出以上指令。其中现场指令是监理工程师在现场处理问题的方法之一。当施工的人员管理、机具、操作工艺不符合施工规范要求，且直接影响到工程进度和质量时，监理工程师可以立即下达指令，承包单位现场负责人应接受指令整改。

监理工作指令编写时应事实清楚、真实、可靠；语言通顺、简洁，层次分明。对于安全、重大质量问题，必须及时下达指令，要求相关方面处理，不得延误。

3. 函件与监理工作联系单

(1) 函件。函件适用于各单位、部门之间相互洽商工作、咨询、答复问题、请求批准和审批结果等事项。函件在监理活动中应用得比较多,如总监理工程师的任命通知书、专业监理工程师调整通知单、工程技术指标审定意见等。

电子邮件也是一种便捷的通信方式,可以传递各种函件、图纸、工程照片等,但不能代替正式的书面函件。

(2) 监理工作联系单。监理工作联系单用于各相关方之间的联系工作。总监理工程师接到联系单后,应认真研究,及时做出书面答复。

 **本章小结**

本章主要介绍通信工程建设监理中的"两管理"和"一协调",其中包括:① 通信工程合同管理的概念、类型、内容、争议及解除;② 通信工程信息管理的概念、特点、构成、分类和信息管理;③ 通信工程协调的概念、范围、内容和协调方法。

合同是平等主体的自然人、法人以及其他组织之间设立、变更、终止民事权利、义务关系的协议。通信工程建设合同是通信工程建设单位和施工单位为了完成其所商定的工程建设目标以及与工程建设目标相关的具体内容,明确双方相互权利、义务关系的协议。

通信建设工程的信息管理是对工程过程(包括勘察设计阶段、施工阶段、验收及保修阶段)中信息的收集、分析、储存、传递与应用等一系列工作的总称。

通信工程协调就是为了实施某个工程项目建设,工程主体方与工程参与方或与工程相关方进行联系、沟通和交换意见,使各方在认识上达到统一、行动上互相配合、互相协作,从而达到共同的目的。

 **课后习题**

一、选择题

1. 可调价格合同一般用于( )形式的施工合同。

A. 工期较长   B. 材料市场价格稳定

C. 工期较短   D. 风险固定

答案:A

2. 工程未经竣工验收或竣工验收不合格,而发包人强行使用时,由此产生的质量问题及其他问题由( )承担责任。

A. 监理单位   B. 发包人

C. 承包人   D. 材料供应商

答案:B

3. 第一次工程协调会(第一次工地会议)应由( )主持并召开。

A. 施工单位   B. 材料和设备供应商

C. 建设单位   D. 监理单位

答案:C

4. 建设工程数据库中的数据是( )。

A. 静止的、孤立的   B. 静止的、有联系的

C. 动态的、有联系的   D. 动态的、孤立的

答案：C

5. 直埋光缆工程的光缆敷设属于隐蔽工程，现场(   )要及时进行签认，从而有效控制工程质量。

A. 施工人员   B. 监理工程师

C. 项目业主   D. 施工项目经理

答案：B

二、多选题

1. 解决合同争议的方式有(   )。

A. 和解   B. 调解   C. 仲裁   D. 诉讼

答案：ABCD

2. 通信工程信息管理的特点有(   )。

A. 时效性   B. 不完全性   C. 运动性   D. 系统性

答案：ABD

3. 建设单位应为监理单位提供一定的条件，这些条件一般包括(   )。

A. 提供监理合同文件   B. 向监理单位充分授权

C. 组织设计交底   D. 组织设计会审

答案：BCD

4. 施工合同示范文本由(   )构成。

A. 协议书   B. 通用条款

C. 专用条款   D. 附件

答案：ABCD

5. 以下(   )属于施工阶段的协调管理内容。

A. 工程进度的协调   B. 工程质量的协调

C. 外部协调   D. 内部协调

答案：ABC

三、讨论题

1. 常用承包合同的类型有哪些？

2. 简述通信工程合同管理的内容。

3. 施工合同示范文本由哪几部分组成？

4. 合同争议的解决方式有哪些？

5. 简述通信工程信息管理的构成。

6. 通信建设常用监理表格有哪些？

7. 工程开工/复工报审表如何填写？

8. 施工组织设计(方案)报审表如何填写？

9. 通信工程协调的范围包括哪些？

10. 通信工程协调的方法有哪些？

第二篇

通信工程监理案例

第4章　通信线路工程监理

【主要内容】

本章主要介绍通信线路工程监理,其中包含材料进场及安全文明交底、路由复测、沟(坑)开挖、管道铺设、人(手)孔、光交接箱安装、光缆敷设、光缆成端和光缆测试等9个环节。

【重点难点】

本章重点是通信线路工程监理的工作流程、质量检查和安全检查;难点是通信线路工程监理的质量检查。

4.1　通信线路工程监理概述

4.1.1　通信线路工程监理目标

通信线路工程监理是指具有通信线路监理相应资质的监理单位受通信工程项目建设单位的委托,依据建设主管部门批准的通信线路项目建设文件、通信线路工程委托合同及建设工程的其他合同(采购、施工等)对通信线路建设实施的专业化监督管理。实行通信线路工程监理的总目标在于提高工程建设的投资效益和社会效益。通信线路工程监理的中心任务是控制通信线路工程项目的投资、进度和质量三大目标。这三大目标是相互关联、互相制约的目标系统。

4.1.2　通信线路工程监理范围

通信线路工程监理是指通信线路从路由复测开始至光缆测试开通结束的全过程监理,包含材料进场及安全文明交底、路由复测、沟(坑)开挖、管道铺设、人(手)孔、光交接箱安装、光缆敷设、光缆成端和光缆测试等9个环节,参照《通信线路工程监理作业指导书》《通信线路工程监理细则》《通信线路工程施工标准》和《通信线路工程验收规范》等关于管道铺设、人(手)孔、光缆敷设等的施工标准、要求及验收规范进行监理。

4.1.3　通信线路工程监理的特点

通信线路工程监理的特点主要体现在以下几个方面。

---

(1) 工程报建困难。为了合理利用沿线地下资源，避免道路重复开挖，当地政府要求各运营商统筹建设通信管道(运营商合建管道可以降低建设成本)，并规定统筹后几年内不审批运营商开挖证，故在一定程度上造成报建困难。

(2) 施工环境复杂。管道施工多在道路两侧进行，沿途施工地段人多、车多、路口多；地表下有地下水管、下水道、通信电(光)缆、煤气管道、电力电缆，情况错综复杂，多数需要市政相互配合改造，给明挖、顶管施工带来许多困难，加上沿线车流、人流给工程进度造成一定影响。在施工中须时刻保护行人、行车和施工人员，同时要注意沿途地下管线的安全，做好各业主的协调工作，确保门面商场等正常运作，以免造成不必要的干扰，尽可能地保证施工进度和质量。

(3) 工程隐蔽性。管道工程建设有其特殊性，因大部分操作面在地表下面，施工中容易造成安全事故，路面恢复后也难再进行检查，因此做好隐蔽工程随工签证是管道工程建设中不可缺少的一环。监理工程师在施工中应及时到现场检验，对关键工序应旁站监理；对未经检验的隐蔽工序不得隐蔽，否则监理工程师有权剥露进行检查。

(4) 技术含量高。随着三网融合、FTTH、PTN 和 OTN 技术的迅速发展，当今的光纤、光器件和光通信设备的技术含量越来越高，施工工艺技术性越来越强，施工和检测技术越来越复杂。

(5) 要求施工队伍素质高。为了能够顺利、高质量地完成信号三网融合光通信线路工程的施工，建造出高质量的光、电缆线路工程，就必须有高素质的技术和管理队伍，采用科学的管理方法。

4.2　通信线路工程监理的工作流程

通信线路工程监理的工作流程包括准备阶段、施工阶段和竣工验收阶段的监理工作，具体流程如表 4-1 所示。

表 4-1　通信线路工程监理的工作流程

工作流程	工作岗位	过程指导(文件)	参考文件	结果(文件与照片资料)
任务委托	监理工程师	① 保存移动方下发的任务表(FOXMAIL、HTM 文本)；② 更新到日常日报表	日常日报表	日常日报表
现场勘察	监理工程师	请参考勘察作业指导书*	现场勘察记录表和监理日记	① 现场勘察记录表；② 监理日记
设计会审	监理工程师	① 由设计院按时间计划出图；② 请参考组织设计会审作业指导书；③ 收集设计会审纪要	设计会审纪要	① 会议签到表；② 设计会审纪要

工作流程	工作岗位	过程指导(文件)	参考文件	结果(文件与照片资料)
开工前准备	总监理工程师	由监理工程师审完后，交付总监下发开工令	工程例会作业指导书、施工组织审核作业指导书*	① 施工组织设计审核表；② 施工组织设计报审表；③ 开工报告审核表；④ 开工报告；⑤ 开工令
前期项目工作检查	监理员	请参考前期工作检查作业指导书*，以确定站点全部到位，前一道工序的质量合格	前期工艺检查表	前期工艺检查表
材料进场及安全文明交底	监理员	① 请参考进场设备、材料检验作业指导书*；② 对工程实施进行安全交底工作	材料检查表、现场文明安全交底表	① 合格证；② 材料清单；③ 材料和设备、机具报验表；④ 进场材料检验表；⑤ 监理日记
路由复测	监理员	请参考路由复测工艺检查作业指导书*	监理日记(施工)、监理工作联系单(有重大问题时产生)、工艺检查表、整改通知单	① 管道路由具体走向照片；② 管道长度照片
开挖沟(坑)	监理员	请参考开挖沟(坑)工艺检查作业指导书*	监理日记、监理工作联系单，工艺检查表、整改通知单	① 沟(坑、槽)的底宽尺寸照片；② 开挖土方的堆置范围照片
人(手)孔	监理员	请参考人(手)孔工艺检查作业指导书*	监理日记、监理工作联系单、工艺检查表、整改通知单	① 人孔开挖照片；② 人(手)孔基础浇筑照片；③ 人(手)井堆砌照片；④ 人(手)井内外批荡修筑照片；⑤ 人(手)孔内喇叭口修筑照片；⑥ 人(手)孔施工质量检查表

续表二

工作流程	工作岗位	过程指导(文件)	参考文件	结果(文件与照片资料)
管道铺设	监理员	请参考管道敷设工艺检查作业指导书*	监理日记、监理工作联系单、工艺检查表、整改通知单	① 管道深度照片；② 塑料管铺设照片；③ 管道包封照片；④ 管道沟回填照片；⑤ 管道施工质量检查表
光交接箱安装	监理员	请参考光交接箱安装工艺检查作业指导书*	监理日记、监理工作联系单、工艺检查表、整改通知单	① 光交接箱整体照片；② 光纤、盘纤照片；③ 设备安装照片；④ 光交接箱安装质量检查表
光缆敷设	监理员	请参考光缆敷设工艺检查作业指导书*	监理日记、监理工作联系单、工艺检查表、整改通知单	① 光缆规格、程式表；② 光缆管孔位置照片；③ 光缆敷设质量照片；④ 光缆接续及接头盒安装质量照片；⑤ 人孔内光缆加固保护措施照片；⑥ 人孔内光缆标志牌吊挂质量照片
光缆成端	监理员	请参考光缆成端工艺检查作业指导书*	监理日记、监理工作联系单、工艺检查表、整改通知单	① 光纤熔接质量检查表；② 光缆接地质量检查表；③ 接头盒安装质量检查表；④ 接头盒的封堵照片
光缆测试	监理员	请参考光缆性能测试作业指导书	光缆性能测试报告、测量表	① 光缆性能测试报告；② 通信线路工程完工整体施工质量检查表

续表三

工作流程	工作岗位	过程指导(文件)	参考文件	结果(文件与照片资料)
工程预验收	监理工程师	请参考工程预验收作业指导书*	工程预验收作业报告、工艺检查表	① 工程预验收作业报告； ② 工艺检查表； ③ 监理档案
工程验收	监理工程师	① 按照完成开通站点上报验收清单，抽20%站点进行验收； ② 收集验收纪要，作为后续付款的依据	工程验收报告	① 验收申请表； ② 工程验收证书； ③ 工程验收存在问题及处理意见表； ④ 工程质量整改通知书； ⑤ 监理通知回复单； ⑥ 工程保修记录表
工程结算	监理员 监理工程师	请参考工程结算作业指导书*	工程结算审核意见表	工程结算审核意见表
监理档案制作	监理工程师	① 收集汇总各站点的现场资料； ② 组织本专业所有员工进行编制	档案资料目录清单	各种档案资料

注：星号标注的是监理公司提供的内部文件，供新入职员工学习使用，具体内容未经授权不能出版。本书中只提供文件名称作为参考。

4.3　通信线路工程监理的要点

4.3.1　通信线路工程监理质量控制的要点

通信线路工程监理质量控制的要点包括材料进场及安全文明交底、路由复测、沟(坑)开挖、管道铺设、人(手)孔、光交接箱安装、光缆敷设、光缆成端和光缆测试等9个环节，具体监理质量控制的要点如表4-2所示。

表 4-2　通信线路工程监理质量控制的要点

序号	工程环节	监理质量控制的要点	监理方式	检验方式
1	材料进场及安全文明交底	① 器材型号、规格、数量、外观检查； ② 检查现场施工人员的安全员证、登高证等	旁站	现场检查
2	路由复测	① 管道划线； ② 人孔定位	巡旁结合	随工检验 隐蔽工程
3	沟(坑)开挖	① 安全文明、环境保护施工的措施； ② 开挖深度； ③ 管道与其他建筑物的最小净距； ④ 开挖土方的堆置范围	巡视	随工检验 隐蔽工程
4	管道铺设	① 管道深度； ② 塑料管铺设； ③ 管道包封； ④ 管道沟回填	巡旁结合	
5	人(手)孔	① 人(手)孔开挖； ② 人(手)孔基础浇筑； ③ 人(手)井堆砌； ④ 人(手)井内外批荡修筑； ⑤ 人(手)孔内喇叭口、集水坑修筑； ⑥ 人(手)孔上覆盖修筑； ⑦ 人(手)孔回填土	巡旁结合	随工检验 隐蔽工程
6	光交接箱安装	① 挂墙式光交接箱的安装； ② 架空式光交接箱的安装； ③ 落地式光交接箱的安装	巡旁结合	随工检验 隐蔽工程
7	光缆敷设	① 施工前检验； ② 光缆管孔的位置； ③ 光缆布放； ④ 人孔内光缆加固的保护措施； ⑤ 人孔内光缆标志牌吊挂质量	巡旁结合	随工检验
8	光缆成端	① 光缆接续； ② 加强芯的连接； ③ 接头盒的封堵； ④ 光缆在光交箱、ODF 架中的接地	巡旁结合	随工检验
9	光缆测试	光缆性能测试	旁站	随工检验 竣工验收

1. 材料进场及安全文明交底

(1) 逐一开箱检查进场材料的规格、出厂日期、合格证书，需要检查的主要材料如表 4-3 所示。

表 4-3   需要检查的主要材料

序号	材料名称	检 查 要 点
1	光缆	① 光缆整盘外包装良好，无损坏现象； ② 盘上标记：规格、型号、长度、端别清晰，符合设计要求； ③ 光缆护套光滑，无损坏现象； ④ 具备出厂合格，检验证明； ⑤ 光缆色谱符合规范标准； ⑥ 光缆中继段传输损耗性能符合规范要求（单盘检测）； ⑦ 具备出厂合格证，检验证明
2	接头盒	① 型号、规格、参数符合设计要求； ② 材料包装、配件齐全； ③ 具备出厂合格证
3	光交接箱、光分线箱	① 规格、型号符合设计要求； ② 箱体外包装良好，箱体外壳无刮花痕迹和损坏现象； ③ 配件齐全，具备出厂合格证； ④ 配纤盘配套规格和数量符合设计要求； ⑤ 箱内尾纤、光纤适配器（法兰头）配置及其数量符合设计及采购要求； ⑥ 具备出厂合格证，检验证明
4	塑料管	① 基厚度和可塑性符合设计要求； ② 具备出厂合格证，检验证明
5	终端盒	③ 规格、型号符合设计要求； ④ 具备出厂合格证，检验证明
6	铁件材料、钢绞线及其他	① 规格、型号符合设计要求； ② 材料规格偏差符合出厂要求； ③ 材料防护处理符合设计要求； ④ 具备出厂合格证，检验证明

(2) 检查现场施工人员的安全员证、登高证等。

2. 路由复测

1) 管道划线

根据现场情况设计管道路由，参照市政部门提供的前期已建管道走向，与市政部门协调，尽量避免和其他管道、电缆同路由。路由勘察如图 4-1 所示。

图 4-1　路由勘察

2) 人孔定位

管道开挖前要先进行沟坑的定位放线工作，确保管道沟坑的位置准确。人孔定位如图 4-2 所示。监理人员应检查现场是否按设计文件及城市规划部门批准的位置、坐标和高程要求进行施工。一般情况下，按测量线及定位桩开挖，管道、手孔与中心线的偏差不得大于 10 mm。

图 4-2　人孔定位

3. 开挖沟(坑)

1) 安全文明、环境保护施工的措施

在公路、街道、公共场所施工时，现场必须设置交通标志、防护线及施工警示牌，同时做好现场的围护工作，严禁外来人员进入施工场地，以确保人员及现场材料的安全。在市区进行管道施工时，须设置封闭型的围栏设施进行安全围蔽，如图 4-3 所示。

图 4-3　安全围蔽

2) 开挖深度

通信线路开挖深度必须符合直埋光缆线路埋深表的要求。光缆线路埋深表如表4-4所示，对于部分特殊情况，还需作混凝土包封保护处理。开挖沟和开挖深度测量分别如图4-4和图4-5所示。

表4-4　光缆线路埋深表

敷 设 地 段	埋 深
普通土、硬土	≥1.2
半石质、砂砾土、风化石	≥1.0
全石质、流沙	≥0.8
市郊、村镇	≥1.2
市区人行道	≥1.0
穿越铁路(距道砟底)、公路(距路面)	≥1.2
沟渠、水塘	≥1.2
河流	按水底电缆要求
注：石质、半石质地段应在沟底和光缆上方各铺 1 m 厚的细土或沙土	

图 4-4　开挖沟

图 4-5　开挖深度测量

3) 光缆与其他建筑物的最小净距

光缆与其他建筑物的最小净距必须符合表 4-5 所示的要求。

表 4-5　光缆与其他建筑物的最小净距

名　称		平行时最小净距/m	交越时最小净距/m
市话管道边线(不包括人孔)		0.75	0.25
非同沟的直埋通信电缆		0.5	0.5
埋式电力电缆	35 kV 以下	0.5	0.5
	35 kV 以上	2.0	0.5
给水管	管径小于 30 cm	0.5	0.5
	管径为 30~50 cm	1.0	0.5
	管径大于 50 cm	1.5	0.5
高压石油、天然气管		10.0	0.5
热力、下水管		1.0	0.5
煤气管	压力小于 3 kg/cm^2	1.0	0.5
	压力为 3~8 kg/cm^2	2.0	0.5
排水沟		0.8	0.5
房屋建筑红线(或基础)		1.0	
树木	市内、村镇大树、果树、路旁行树	0.75	
	市内大树	2.0	
水井、坟墓		3.0	
粪坑、积肥池、沼气池、氨水池等		3.0	
注：采用钢管保护时，与水管、煤气管、石油管交叉跨越的净距可降为 0.15 m			

4) 开挖土方的堆置范围

管沟开挖完成后，应在 PVC 管铺设前对沟底进行抄平整理，保证沟底平整，无碎石、断砖、垃圾等杂物，开凿的路面及挖出的石块等应与泥土分别堆放；堆土不应紧靠碎砖或土坯墙，并应留有行人通道；城镇内的堆土高度不宜超过 1.5 m。开挖土方的堆置如图 4-6 所示。堆置土不应压埋消火栓、闸门、电缆、光缆线路标石及热力、煤气、雨(污)水等管线检查井，雨水口及测量标志等设施；土堆的坡脚边应符合市政、市容、公安等部门的要求。

图 4-6　开挖土方的堆置

4. 管道铺设

1) 管道深度

在通信施工中，管道沟深应符合设计或规范要求。困难地段或穿越障碍物，沟深达不到标准，应采取保护措施。

2) 塑料管铺设

(1) 塑料管应有出厂证、合格证。铺设方法、组群方式、接续方式应符合设计要求。管道沟放管如图 4-7 所示。

图 4-7   管道沟放管

(2) 塑料管铺设前应夯实并垫砂 10～15 cm，检查回填土的土质情况。

(3) 塑料管在布放前或暂时无法完成衔接时，应先将两端管口严密封堵，避免水、土及其他杂物进入管内。对管道衔接处的保护如图 4-8 所示。

图 4-8   管道衔接处保护

(4) 组群管间缝隙宜为 10～15 mm，接续管头必须错开，每隔 2～3 m 可设衬垫物的支撑，以保管群形状统一。

(5) 当布放塑料管的根数为 2 时，应呈"一"字形排放；当根数为 3 时，应呈"品"字形排放；当根数大于 3 时，应采用分层叠放方式排放。

(6) 进行顶管施工时必须进行现场勘察，明确相应施工方案，内容一般包括施工现场平面布置图、顶进方法的选用、顶管段单元长度的确定、顶管机钻头选型及注浆加固等安全措施。顶管作业如图 4-9 所示。

图 4-9　顶管作业

3) 管道包封

对土质疏松、不稳定或积水较多地段，需在管道接口处采取混凝土包封处理，包封所用混凝土标号不小于 C20，其规格为边长大于管壁外沿 10～15 cm 的混凝土方块。同时，在地下开挖条件受限或低洼路段，当管道埋深不能达到设计规范要求时，也应采用混凝土包封，包封长度应超出该路段首尾各 15 cm。所有管道途经水渠、桥梁、易焚烧垃圾的区域或公路两侧易发生塌方情况的路段，必须采取混凝土包封处理。管道包封如图 4-10 所示。

图 4-10　管道包封

4) 管道沟回填

(1) 为防止水泥路面修复出现下沉，需用水浸实回填土，待回填土密实后再进行混凝土浇筑。

(2) 管道回填土必须夯实，以免回填土下沉。管道回填土夯实如图 4-11 所示。在市内主干道路回填后应与路面平齐，一般道路应高出路面 5～10 cm，郊区道路应高出地面 15～20 cm。

图 4-11　管道回填土夯实

(3) 针对部分小区、公路或有特殊要求的水泥路面，为保证修复后水泥路面不下沉，修复时应用振动棒振动夯实。水泥路面修复如图 4-12 所示。

图 4-12　水泥路面修复

(4) 绿化带开挖时，应注意对绿化带原有植被的成形保护，并摊开平放在阴凉遮阳处；恢复时，须将原有草皮或其他植被小心摆放，还原后进行一两次浇水养护，避免恢复的植被无法存活。

5. 人(手)孔

1) 人(手)孔开挖

(1) 在人(手)孔定位处根据该人(手)孔类型划线开挖，要放坡挖坑，坑壁与人(手)孔外壁应预留 40 cm，以利于墙壁内外批荡。

(2) 施工人员在开挖人(手)井前应预先算好开挖井的长、宽、高。人(手)孔测量如图 4-13 所示。开挖管井时，管孔要求摆放在井中央。

图 4-13　人(手)孔测量

2) 人(手)孔基础浇筑

(1) 基础的混凝土标号(配筋)等应符合设计规定。浇筑基础前应清理孔内杂物，挖好积水缸安装坑。

(2) 手孔基础要求为 10 cm 厚(人孔 15 cm)、150#的混凝土基础，浇筑基础前应清理孔内杂物，挖好积水坑，基础表面应向中间积水坑泛水。人(手)孔基础浇筑如图 4-14 所示。

图 4-14　人(手)孔基础浇筑

3) 人(手)井堆砌

(1) 人(手)井净高应符合设计规定，墙体与基础应结合严密、不漏水，墙体应垂直，砖墙面应平整、美观，不得出现竖向通缝。人(手)井堆砌如图 4-15 所示。

图 4-15　人(手)井堆砌

(2) 管道进入人孔位置应符合设计规定，管道端边至墙体面应呈圆弧状的喇叭口。

(3) 修筑人(手)井一律采用 24 墙，砖缝宽度应为 8～12 mm，同层砖缝的厚度应保持一致。砌体横缝应为 15～20 mm，竖缝应为 10～15 mm，不得出现跑漏现象。

4) 人(手)井内外批荡修筑

(1) 抹墙体应严密、贴实、光滑、不空鼓、无飞刺、无断裂，人孔上覆的配筋、绑扎、混凝土的标号应符合设计规定。人(手)井内外批荡修筑如图 4-16 所示。

图 4-16 人(手)井内外批荡修筑

(2) 墙体的垂直度(全部净高)允许偏差应不大于 10 mm，墙体顶部高程允许偏差应不大于 20 mm。

(3) 上覆底面应平整、光滑、不露筋、无蜂窝，上覆与墙体搭接应用 1∶2.5 的水泥砂浆抹八字角。

5) 人(手)孔内喇叭口、集水坑修筑

(1) 穿光缆时为保护光缆不被墙体划破，需在管孔口做喇叭口，喇叭口应位于管井中央，管道端边与墙体批荡应呈弧状型，喇叭口应平整、美观。人(手)孔内喇叭口如图 4-17 所示。

(2) 人(手)孔基础表面应在中间修集水坑。人(手)孔内集水坑如图 4-18 所示。

图 4-17   人(手)孔内喇叭口   图 4-18   人(手)孔内集水坑

6) 人(手)孔上覆盖修筑

(1) 修筑人孔上覆盖时应先架模板，模板下横跨两根竹竿，模板应平整，与墙体衔接良好。人(手)孔上覆盖修筑如图 4-19 所示。

(2) 模板铺好后，在井圈处放一个同心大小的轮胎或铁圈，先在模板上铺一层混凝土，待铺好后在混凝土四周放钢筋，最后抹平混凝土层。

(3) 将井圈放在预留的同心圆上，并在井圈的底下和四周抹上水泥，最后盖上井盖。

(4) 人孔口圈顶部高程应符合设计规定，允许正偏差不大于 20 mm。人孔口圈与上覆盖之间宜砌不小于 200 mm 的口腔。口腔与上覆盖搭接处应抹八字角，人孔口圈应完整无损。

7) 人(手)孔回填土

靠近人孔壁四周的回填土内不应有直径大于 100 mm 的砾石、碎砖等坚硬物。人孔坑每回土 300 mm，应严格夯实。人孔坑的回填土严禁高出人孔口圈的高程。双页井修筑完成如图 4-20 所示。

图 4-19   人(手)孔上覆盖修筑   图 4-20   双页井修筑完成图

6. 光交接箱安装

1) 挂墙式光交接箱的安装

(1) 挂墙式光交接箱的安装应坚实、牢固，交接箱底部距地面符合设计要求。挂墙式光交接箱如图 4-21 所示。

(2) 交接箱地线接地电阻应不大于 10 Ω，用户保安器接地电阻应不大于 50 Ω。

2) 架空式光交接箱的安装

(1) 架空光交接箱应安装在 H 杆的工作平台上，工作平台的底部距离地面应大于等于 3 m 且不影响道路通行。

(2) 光缆、电杆、站台、上杆折梯、引上铁管等设备应安装牢固。

3) 落地式光交接箱的安装

(1) 落地式光交接箱的安装位置、安装高度、防潮措施等应符合设计要求。落地式光交接箱如图 4-22 所示。箱体安装必须牢固、安全、可靠，箱体的垂直偏差应小于等于 3 mm。

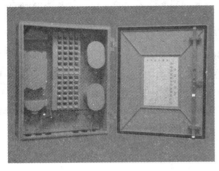

图 4-21　挂墙式光交接箱　　　　　　图 4-22　落地式光交接箱

(2) 落地式交接箱应安装在水泥基座上，箱体与基座应用地脚螺丝连接牢固，缝隙用水泥抹八字角，基座与人(手)孔间应用管道连接，不得做成通道式。

(3) 落地式交接箱应严格防潮，穿光缆的管孔缝隙和空管孔的上下管口应封堵严密。交接箱的底板进出光缆口缝隙也应封堵。

7. 光缆敷设

1) 施工前检验

(1) 严禁施工作业人员不经通风、不做井内气体检验、不用人字梯直接跳入人孔。

(2) 通风过程中应摆放安全警示标志及安排专人看守人孔，避免人员及车辆掉入井中。检验管道气体情况如图 4-23 所示。

(3) 施工完成后应随手立即恢复井盖，确认人员安全。

2) 光缆管孔的位置

(1) 穿缆前必须先试通、清刷所用的管孔，敷设的管孔位置应符合设计规定。设计不明确时，经建设单位同意，可按"先下后上、先两侧后中间"的原则选用管孔。

(2) 光缆敷设前管孔内穿放子孔，光缆选 1 孔同色子管始终穿放，空余所有子管管口应加塞子保护。光缆管孔的位置如图 4-24 所示。

(3) 按人工敷设方式考虑，为了减少光缆接头损耗，管道光缆应采用整盘敷设。为了减少布放时的牵引力，整盘光缆应由中间分别向两边布放，并在每个人孔安排人员做中间辅助牵引。

(4) 光缆穿放的孔位应符合设计图纸要求，敷设管道光缆之前必须清刷管孔。子孔在人(手)孔中的余长应露出管孔 15 cm 左右。

(5) 手孔内子管与塑料纺织网管接口用 PVC 胶带缠扎，以避免泥沙渗入。

(6) 光缆在人(手)孔内安装，如果手孔内有托板，则将光缆固定在托板上；如果没有托板，则将光缆固定在膨胀螺栓上，膨胀螺栓要求钩口向下。

(7) 光缆出管孔 15 cm 以内不应作弯曲处理。

(8) 每个手孔内及机房光缆和 ODF 架上均采用塑料标志牌以示区别。

图 4-23　检验管道气体情况

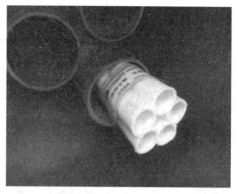

图 4-24　光缆管孔的位置

3) 光缆布放

(1) 布放光缆时，光缆必须由缆盘上方放出并保持松弛弧形，超长时应采取盘"8"字。匀力布放光缆如图 4-25 所示。光缆布放过程中应无扭转，严禁打小圈、浪涌等现象发生。

(2) 光缆的弯曲半径不应小于光缆外径的 15 倍，施工过程中不应小于 20 倍。

(3) 采用牵引方式布放光缆时，牵引力不应超过光缆最大允许张力的 80 %，而且主要牵引力应作用在光缆的加强芯上；瞬间最大牵引力不得超过光缆允许张力的 100%，且主要牵引力应加在光缆的加强件(芯)上。

(4) 有 A、B 端要求的光缆要按设计要求的方向布放。

(5) 光缆与井圈摩擦的位置应加塑料制品或麻袋等加垫保护，避免光缆与井圈发生直接摩擦。光缆与井壁的布放如图 4-26 所示。

图 4-25　匀力布放光缆

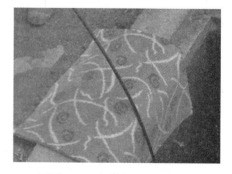

图 4-26　光缆与井壁的布放

(6) 机械牵引敷设时，牵引机速度调节范围应为 0～20 m/min，且为无级调速。牵引张力可以调节，当牵引力超过规定值时，应能自动告警并停止牵引。

(7) 人工牵引敷设时，速度要均匀，一般控制在 10 m/min 左右为宜，且牵引长度不宜过长，若光缆过长，可以分几次牵引。

(8) 为了确保光缆敷设质量和安全，施工过程中必须严密组织并有专人指挥。要备有优良的联络手段(工具)，严禁未经训练的人员上岗，严禁在无联络工具的情况下作业。

4) 人孔内光缆加固的保护措施

(1) 人(手)井内的接头盒需固定在井壁上，一定要采用膨胀螺丝或大型钢钉，保证光缆业务的正常化，避免后期踩踏、进水等，接头盒两边预留一定长度的光缆。接头盒两侧各挂一块光缆标识牌。人(手)井内接头盒的固定如图 4-27 所示。

(2) 光缆一般在基站引上井内预留 15 m，如果引上井已有较多旧光缆预留，则本次的预留光缆往前一个手井进行预留；直线段每隔 500 m 左右预留 15 m；接头井预留 15 m；线路经过大桥或下水道增加一处预留 15 m；对预留的光缆按规定使用扎线进行绑扎固定。管道光缆的预留如图 4-28 所示。

图 4-27　人(手)井内接头盒的固定　　　　图 4-28　管道光缆的预留

5) 人孔内光缆标志牌吊挂质量

一般在人井引入和引出处各挂一张光缆标识牌和一张人孔号牌。光缆沿墙壁固定牢固，平缓走向，用白色波纹管做好保护。

8. 光缆成端

1) 光缆接续

(1) 光缆接续必须采用专用工具进行操作，各种接续部件及工具、材料应保持清洁，确保接续质量和密封效果。光缆熔接工具如图 4-29 所示。熔接工具准备好后，把光缆穿进尾纤盒，尾纤和光纤先在尾纤盒内比画好，开出尾纤所需长度，一般情况为 1 m 左右。松套管开剥如图 4-30 所示。开纤前，先按照工程的制定标准做好标签，贴到尾纤上，一般标签位置在离接头 50 mm 处。开纤时应用剥线钳的前端口剥去光缆中光纤外束管，用钳子剪的时候一定注意不要把光纤剪断，剥去束管后用卫生纸把光纤上的油层擦拭干净。普通光缆内光纤没有束管保护，开纤时应注意不要用力过大，以防剪断外包管内的光纤。光纤开出来后，在要熔接的其中一根纤上套上热缩套管，以便在光纤熔接好后保护接头。放入热缩套管如图 4-31 所示。

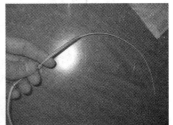

图 4-29　光缆熔接工具　　　　图 4-30　松套管开剥　　　　图 4-31　放入热缩套管

(2) 光纤端面制作的好坏将直接影响接续质量，所以在熔接前一定要做好合格的端面。对普通尾纤，先用剥线钳后端口去掉光纤上的保护层，再用剥线钳后端口剥去涂覆层；而光缆中的光纤直接剥去涂覆层即可，如图 4-32 所示。剥涂覆层时用力一定要适中，用力过轻涂覆层不容易去掉，用力过大会把纤芯刮坏，去掉的涂覆层长度大约为 30 mm。去掉涂覆层后，先用蘸有酒精的清洁棉在裸纤上擦拭几次(如图 4-33 所示)，用力要适度，然后用精密光纤切割刀切割光纤。光纤端面制备如图 4-34 所示。

图 4-32　涂覆层去除　　　　　图 4-33　清洁　　　　　图 4-34　光纤端面制备

(3) 光纤切割好要立即放到熔纤机中，熔纤机平台要保证洁净无灰尘，如有灰尘则用酒精棉球擦拭干净。放置光纤时要放到 V 型槽内，光纤的前端要平稳，不能翘起，距离电极约 2 mm，放好后压下紧固件，盖好防风盖，等另一端也放好后开始熔接。放入熔纤机如图 4-35 所示。

(4) 光纤熔接好后，按右侧红色按键复位。光纤熔接和熔接完成损耗测试图分别如图 4-36 和图 4-37 所示。接着打开防风盖，轻轻拿出熔接好的光纤，把热缩套管轻轻放到接头处(注意热缩套管一定要包含光纤的保护层)，然后放到加热机中(热缩套管要放在加热机上所画白线之内)，放置放好后按熔接机右侧上端的黄色按键开始自动加热，大约 40～60 s 就会加热好，这时加热指示灯会自动熄灭。加热好后不要急着拿出，待热缩套管晾一会定型后再取出。热缩套管加热如图 4-38 所示。如此这般，可以熔接另一根光纤。

图 4-35　放入熔纤机　　　　　　　图 4-36　光纤熔接

图 4-37　熔接完成损耗测试　　　　　图 4-38　热缩套管加热

2) 加强芯的连接

将光缆的加强芯按需要长度截断并按工艺要求进行连接，光纤的连接如图 4-39 所示。金属套管的压接应牢固、压点应均匀，压完后套管应平直。金属套管外应采用热可缩套管或塑料套管保护。加强芯的连接如图 4-40 所示。

图 4-39　光纤的连接　　　　　　　　　　图 4-40　加强芯的连接

3) 接头盒的封堵

采用热可缩套管时，加热应均匀，必须由中间向两端进行，热缩完毕原地冷却后才能搬动；热缩后要求外形美观，无烧焦等不良状况。接头盒的封堵如图 4-41 所示。

4) 光缆在光交箱、ODF 架中的接地

金属加强芯、屏蔽线(铝护层)以及金属铠装层应按设计要求方式做接地或终结。光缆在光交箱、ODF 架中的接地如图 4-42 所示。

图 4-41　接头盒的封堵　　　　　　　图 4-42　光缆在光交箱、ODF 架中的接地

9. 光缆测试

光纤在架设、熔接完工后就要进行测试工作,使用的仪器主要是 OTDR 测试仪。用 OTDR测试仪可以测试光纤断点的位置和光纤链路的全程损耗,了解沿光纤长度的损耗分布和光纤接续点的接头损耗。为了测试更加准确,要适当选择 OTDR 测试仪的脉冲大小和宽度,按照厂方给出的折射率 n 值的指标设定。

4.3.2 通信线路工程监理安全管理的要点

通信线路工程监理安全管理的要点可以分为施工准备阶段和施工阶段,具体内容如表4-6 所示。

表 4-6　通信线路工程监理安全管理的要点

重点环节	管理要点	安全管理内容	管理措施
施工准备阶段	人员资质安全管理措施	① 设备厂家、施工单位必须对施工人员进行岗前安全培训。 ② 安全管理措施、安全防护用品落实。 ③ 特殊作业人员需持有相应特种证件，如登高证、电工证等	① 操作人员证件审查。 ② 安全管理措施审查。 ③ 安全培训检查
	安全防护措施	① 工具防护，安全帽、安全带各个部位无伤痕，绝缘鞋、绝缘手套性能完好不漏电。 ② 人身防护，穿绝缘鞋，戴绝缘手套。 ③ 设备防护，绝缘隔离，防尘，防潮，严禁倒置	现场安全检查
施工阶段	监理人员安全监理	① 检查施工单位专职安全检查员工作情况和施工现场的人员、机具安全施工情况。 ② 检查施工现场的施工人员劳动防护用品应齐全、用品质量应符合劳动安全保护要求。 ③ 检查施工物资堆放场地、库房现场的防火设施和措施；检查施工现场安全用电设施和措施；低温阴雨期，检查防潮、防雷、防坍塌设施和措施。发现隐患，应及时通知施工单位限期整改。整改完成后，监理人员应跟踪检查其整改情况。 ④ 检查施工工地的围挡和其他警示设施是否齐全；检查工地临时用电设施的保护装置和警示标志是否符合设置标准。 ⑤ 监督施工单位按照施工组织设计中的安全技术措施和特殊工程、工序的专项施工方案组织施工，及时制止任何违规施工作业的现象。 ⑥ 定期检查安全施工情况。巡检时应认真、仔细，不得"走过场"。当发现有安全隐患时，应及时指出和签发监理工程师通知单，责令整改，消除隐患。对施工过程中危险性较大的工程、工序作业，应视施工情况，设专职安全监理人员重点旁站监督，防止安全事故的发生。 ⑦ 督促施工单位定期进行安全自查工作，检查施工机具、安全装备、安全警示标志和人身安全防护用具的完好性、齐备性。 ⑧ 遇紧急情况，总监理工程师应及时下达工程暂停令，要求施工单位启动应急预案，迅速、有效地开展抢救工作，防止事故的蔓延和进一步扩大。 ⑨ 安全监理人员应对现场安全情况及时收集、记录和整理	施工人员施工安全检查

重点环节	管理要点	安全管理内容	管理措施
施工阶段	通信线路工程作业的安全要求	① 在开挖杆洞、沟槽、孔坑土方前，应调查地下原有电力线、光（电）缆、天然气、供水、供热和排污管等设施路由与开挖路由之间的间距。 ② 开挖土方作业区必须圈围，严禁非工作人员进入。严禁非作业人员接近和触碰正在施工运行中的各种机具与设施。 ③ 人工开挖土方或路面时，相邻作业人员间必须保持 2 m 以上间隔。 ④ 使用潜水泵排水时，水泵周围 30 m 以内水面不得有人、畜进入。 ⑤ 进行石方爆破时，必须由持爆破证的专业人员进行，并对所有参与作业者进行爆破安全常识教育。炮眼装药严禁使用铁器，装置带雷管的药包必须轻塞，严禁重击。不得边凿炮眼边装药。爆破前应明确规定警戒时间、范围和信号，配备警戒人员，现场人员及车辆必须转移到安全地带后，方能引爆。 ⑥ 炸药、雷管等危险性物质的放置地点必须与施工现场及临时驻地保持一定的安全距离。严格保管，严格办理领用和退还手续，防止被盗和藏匿。 ⑦ 在有行人、行车的地段施工，开孔盖前，人孔周围应设置安全警示标志和围栏，夜间应设置警示灯。 ⑧ 进入地下室、管道人孔前，应通风 10 分钟后，对有毒、有害气体检查和监测，确认无危险后方可进入。地下室、人孔应保持自然和强制通风，保证人孔内通风流畅，在人孔内尤其在"高井脖"人孔内施工，应二人以上到达现场，其中一人在井口守候。 ⑨ 不得将易燃、易爆物品带入地下室或人孔。地下室、人孔照明应采用防爆灯具。 ⑩ 在人孔内作业闻到有异常气味时，必须迅速撤离，严禁开关电器、运用明火，并立即采取有效措施，查明原因，排除隐患。 ⑪ 不得在高压输电线路下面或靠近电力设施附近搭建临时生活设施，也不得在易发生塌方、山洪、泥石流危害的地方架设帐篷、搭建简易住房	管线检查

4.4 通信线路工程监理案例

通信线路监理案例一

1. 背景材料

某通信管道工程，施工单位和监理人员发现业主采购的 PVC 塑管壁厚达不到设计规定的标准，经口头向业主反映，业主坚持用该管施工。工程初验时，管道试通有 1/3 段不通。

2. 存在的问题

(1) 施工单位是否有责任？

(2) 监理单位是否有责任？

(3) 业主是否有责任？

3. 案例原因分析

施工单位和监理人员发现业主采购的 PVC 塑管壁厚达不到设计规定的标准，应向业主递交材料质量的书面证明，请业主回复，而不能仅仅向业主口头反映，因此监理人员和施工人员负次要责任。业主得知管壁厚达不到设计规定的标准，还坚持使用，应负主要责任。

通信线路监理案例二

1. 背景材料

某架空杆路工程使用的水泥电杆由业主指定供货商供货，施工单位在施工紧线时，水泥电杆折断并造成施工人员重伤。经查原因，水泥电杆两头有钢筋，中间一段没有钢筋。请分析以下事故责任。

2. 存在的问题

(1) 业主是否有责任？

(2) 施工单位是否有责任？

(3) 监理单位是否有责任？

(4) 供货商应负什么责任？

3. 案例原因分析

水泥电杆进入施工现场使用前，应由现场监理人员对进场材料进行严格检验，检查是否具备合格认证和质量检验证书。电杆进场使用前应对其外观进行检查，如电杆表面是否有裂痕等质量问题。对于电杆内隐蔽部分的检验依据是合格认证和质量检验证书上的承诺。对于上述事故，如果现场监理人员已在电杆进场使用前进行点验，并确认产品合格认证和质量检验证书，电杆表面没有裂痕，那么监理单位没有责任，供货商应负赔偿责任；反之，监理单位有责任，供货商应负赔偿责任。而业主经招标指定供货商供货，发生事故，应负连带责任。施工人员未违反操作安全规程，因此施工单位无责任。

通信线路监理案例三

1. 背景材料

市区某主干管道工程在横跨顶管一条长 40 m 的公路时，不慎将广州电信 1 条 200 对的电缆顶断，造成 150 户电信市话用户和 10 户专线用户的通信中断长达 10 h，直接经济损失约 20 万元。

2. 存在的问题

由于工期紧张，施工单位为了赶进度而忽视了规范要求，即顶管前必须提交顶管材料给监理单位审核，经建设单位审批后才能正常进行。

3. 案例原因分析

因违规操作导致的损失已无法估量，顶管工作属通信管道工程中风险最大的一项，发生的重大通信安全事故也不计其数。施工人员的安全意识不到位，内部管理制度不完善，为了赶进度而忽视安全是最愚蠢的，安全出了大事，最终的结局就是施工单位出局；反之，因客观原因导致进度滞后，而安全、质量能得到保证，施工单位仍可取得用户的信任与支持，仍可继续发展。像顶管施工这样的大事，必须严格按照流程来操作，即提交顶管施工申请表、顶管施工审批表、顶管现场的勘查报告和勘查图纸，这样才能保障安全施工。

通信线路监理案例四

1. 背景材料

某传输工程项目的业主与承包单位签订的合同约定该工程为优良工程。工程竣工时总承包单位进行自检，认为已按合同约定的施工等级完成，提请竣工验收。承包单位声称工作忙，没有做竣工资料。根据竣工验收的要求，总承包单位已将全部质量保证资料复印齐全供审核，经监理工程师初步抽验，因质量保证资料未能通过而提出了整改通知单。

2. 存在的问题

(1) 根据实际情况，总承包单位能否提请竣工验收？为什么？

(2) 监理工程师的意见是否正确？为什么？

(3) 总承包单位按照监理工程师的要求整改完毕，首先要通过谁进行评估、验收？通过后组织竣工验收会该会由谁主持？有哪些单位参加？会议的程序及内容是什么？

3. 案例原因分析

(1) 根据竣工验收规定，总监理工程师应组织专业监理工程师对承包单位报送的竣工资料进行审查，而承包单位没有做竣工资料，不能提请竣工验收。

(2) 监理工程师的意见是正确的，因为质量保证资料未通过。

(3) 整改完毕，首先要通过监理单位进行复验，并提出评估报告。当通过后组织竣工验收会，由监理单位协助，业主主持，施工单位、设计单位、监理单位及其他有关单位参加。会议的程序及内容是：先由总承包单位介绍，然后由各单位发表意见，并按合同的各项内容检查是否满足要求。

通信线路监理案例五

1. 背景材料

合同履行过程中发生下述几种情况：

(1) 某总承包单位于 8 月 25 日进场并进行开工前的准备工作。原定 9 月 1 日开工，因业主办理通信管道报建手续而延误至 6 日才开工，总承包单位要求工期顺延 5 天。此项要求是否成立？根据是什么？

(2) 分包单位在管道开挖中遇有地下文物，采取了必要的保护措施。为此，总承包单位请分包单位向业主要求索赔。对否？为什么？

(3) 在管道铺设之前，监理工程师对总承包单位购买的 PVC 管的质量有疑义，责成总承包单位取样到 PVC 管检验中心检验，结果合格，总承包单位要求监理单位支付试验费。对否？为什么？

(4) 监理工程师检查通信管道工程，发现已埋设的 PVC 管被泥土内的石头砸烂，通信管道不通，需要开挖，重新换管埋设，逐一记录并要求分包单位整改。分包单位整改后向监理工程师进行了口头汇报，监理工程师即签证认可，事后发现仍有少量的通信管道不通，需进行返工。返修的经济损失由谁承担？监理工程师有什么错误？

(5) 在进行管道施工时，经中间检查发现施工不符合设计要求，分包单位也认为难以达到合同规定的质量要求，就向监理工程师提出终止合同的书面申请，监理工程师应如何协调处理？

(6) 在进行结算时，总承包单位根据投标书要求材料费用按发票价计取，业主认为应按合同条款中的约定计取，为此发生争议。监理工程师应支持哪种意见？为什么？

2. 存在的问题

合同履行过程中发生了上述几种情况，请按要求回答上述问题。

3. 案例原因分析

(1) 成立。因为属于业主责任(或业主未及时提供施工现场)。

(2) 不对。因为分包单位为分包，与业主无合同关系。

(3) 不对。因为按规定，此项费用应由业主支付。

(4) 经济损失由分包单位承担。监理工程师的错误是：不能口头汇报签证认可，应到现场复验；不能直接要求分包单位整改，应要求总承包单位整改；不能根据分包单位的要求进行签证，应根据总承包单位的申请进行复验、签证。

(5) 监理工程师应拒绝接受分包单位终止合同申请，要求总承包单位与分包单位双方协商，达成一致后解除合同，并要求总承包单位对不合格工程做返工处理。

(6) 监理工程师应支持业主意见。因为合同是在总承包单位中标后由业主和总承包单位双方法人代表签订的，按规定，合同条款与投标书条款有矛盾时，合同具有法律效应(或按合同约定结算)。

通信线路案例六

1．背景材料

2021 年 11 月 24 日，怀化某公司对某市托口镇至江市镇新建 OLT 间的光缆路由(杆路、并挂、附挂，管道)、光缆进局、光缆引上、光缆接头盒等处的施工质量进行全面检查。

2．存在的问题

(1) 部分管道光缆未挂光缆吊牌。
(2) 终端杆处手井未做防水。
(3) 接头盒处光缆与高压电缆交越处未做过电保护。
(4) 接头盒处光缆预留圈直径过小。

3．案例原因分析

领导对施工质量检查非常关注，特派经验丰富的监理人员赶往现场，对施工单位的质量及安全文明施工进行检查。当监理人员到达现场后，路段已经开挖，由于占用了村用土地过道，没提前跟村民做好沟通，导致部分村民闹意见。当班监理人员找到当地村主任进行协调沟通后得以妥善解决。经现场察看，施工现场安全措施不达标，路面没有安全标志，施工人员没有戴安全帽。监理人员立即要求施工单位停止施工，并通知施工单位项目经理对该站点的安全文明进行整改，整改后方可施工。在监理人员的督促下，施工单位当天完成了整改，并经监理人员检查合格。

4．案例图片说明

案例六中工程质量检查时发现的问题如图 4-43 所示。

监理人员于 2021 年 11 月 24 日对该工程旁站时发现施工队在开挖时，路面没有安全标志，施工人员没有戴安全帽

(a) 问题一

施工路段两端无安全警示牌，施工路段右侧无安全警示线

(b) 问题二

图 4-43   工程质量检查时发现的问题

5. 案例防范措施及建议

(1) 施工单位应完善相关内部管理制度，贯彻落实有关安全生产法律法规和技术标准，制定安全技术防范措施。

(2) 施工单位在工程开工前不仅要有报建手续，并且要做好村民的沟通工作。

(3) 对于路标、警示线、安全装备等安全隐患问题，施工单位应做到"安全第一，预防为主"，实现安全事故零目标。

 **本章小结**

本章主要介绍通信线路工程监理，其中包含材料进场及安全文明交底、路由复测、沟(坑)开挖、管道铺设、人(手)孔、光交接箱安装、光缆敷设、光缆成端和光缆测试等 9 个环节。

(1) 光缆线路的中继距离长，所需中继器数量比传统电缆工程少得多，在本地网中一般无需设中继站。

(2) 光缆重量轻、体积小，管道及楼宇敷设光缆可大大提高工程建设进度。同时可以一个管孔中敷设多条光缆，以节省投资。

(3) 光缆接头装置及剩余光缆的放置必须按规定标准进行，以保证光纤应有的曲率半径，尽可能地减少光信号的衰减。

 课 后 习 题

 1. 通信线路工程监理包括哪些部分？

 2. 通信线路工程监理的工作流程主要包括哪些？

 3. 通信线路工程监理的质量控制要点有哪些？

 4. 管道铺设监理需要注意哪些问题？

 5. 人(手)孔监理的质量控制要点有哪些？

 6. 光交接箱安装监理需要注意哪些问题？

 7. 光缆敷设监理的质量控制要点有哪些？

 8. 光缆接续及光缆成端监理需要注意哪些问题？

 9. 光缆测试监理的质量控制要点有哪些？

 10. 通信线路工程监理的安全控制措施有哪些？

第5章　有线设备工程监理

【主要内容】

本章主要介绍有线设备工程监理，包括材料进场及安全文明交底、走线架及槽道安装、机架安装、线缆布放与端头成端处理、机房建设、铜(铝)馈电母线安装、主设备安装、设备调测、标签制作和竣工验收 10 个环节。

【重点难点】

本章重点是有线设备工程监理的工作流程、质量检查和安全检查，难点是有线设备工程监理的质量检查。

5.1　有线设备工程监理概述

5.1.1　有线设备工程监理目标

实施有线设备工程监理的总目标在于控制工程投资、提高工程质量和投资的经济效应与社会效应。有线设备工程监理的中心任务是对有线设备工程项目的造价、质量、进度、安全、信息和合同进行控制与管理，协调好建设单位和施工单位或是厂家的关系，更高质量地完成工程建设，得到建设单位的认可。

5.1.2　有线设备工程监理范围

有线设备工程监理是指对有线设备建设工程的安装环境、设备与材料检验、施工人员资质与施工技术检查、机具仪表检验以及有线设备安装调测开通等全过程的监理，包含基础工程(机房土建与安全)监理、设备建设安装监理以及设备调测开通运行监理三大阶段。具体环节有通信设备机房环境检查、通信机房安全检查、设备与器材检查、施工技术及机具仪表检验、机架设备安装检查、配线架安装检查、线缆走线架与槽道安装检查、线缆布放检查、系统检查调试等。

5.1.3　有线设备工程监理的特点

有线设备工程监理的特点主要表现为以下几个方面。

(1) 有线设备工程主要是运营商或大企业、政府机关的新建及扩建通信网络工程，工程涉及大量不同类型的设备，如交换机、路由器、传输设备、用户终端设备等。由于网络的复杂性、设备的多样性，以及涉及很多专业技术知识，因此，要求设备监理人员不仅要具有较强的知识更新能力，还要具备基本的通信知识体系和操作经验。

(2) 有线设备工程的工程监理人员必须对工程设计有比较全面的了解，以工程设计为依据，检查机房环境条件，熟悉安装设备的性能，严格按照监理程序，以严谨的工作作风和认真负责的工作态度完成所承担的有线设备安装工程的监理工作。因此有线设备工程的监理人员应重点学习并掌握这方面的知识。

(3) 监理人员在具体承担监理一个有线设备工程建设项目时，要掌握"全程全网"的概念，即需要对项目所属的通信网络结构、与上下级通信设备之间的相应关系有比较清楚的了解。

(4) 有线设备工程多集中在电信机房施工，工期较短，监理人员要坚持旁站监理才能及时掌握施工进展的情况。

(5) 带电施工容易引发通信故障和事故。通信设备安装规模是逐步扩大的，扩容工程所占比重较大，施工时已开通的设备不能暂停。施工时往往需要带电操作，特别是扩容机架的直流电线缆的连接有一定危险性，稍不注意就可能引发重大通信故障，甚至通信事故。

(6) 有线设备工程施工质量控制分为事前控制、事中控制和事后控制。其中事中控制按工程进展程序划分，又可以分为设备安装前的环境条件控制、设备安装过程中的安装工艺控制、安装完毕后的设备加电测试控制和联网调测控制四个阶段。

5.2　有线设备工程监理的工作流程

有线设备工程监理的工作流程包括准备阶段、施工阶段、开通调试阶段和竣工验收阶段的监理工作，具体流程如表 5-1 所示。

表 5-1　有线设备工程监理的工作流程

工作流程	工作岗位	过程指导(文件)	参考文件	结果(文件和照片资料)
任务委托	监理工程师	① 保存移动方下发的任务表(FOXMAIL、HTM 文本); ② 更新到日常日报表	日常日报表	日常日报表
现场勘察	监理工程师	请参考勘察作业指导书*	现场勘察记录表和监理日志	① 现场勘察记录表; ② 监理日志
设计会审	监理工程师	① 由设计院按时间计划出图; ② 请参考组织设计会审作业指导书*; ③ 收集设计会审纪要	设计会审纪要	① 会议签到表; ② 设计会审纪要

续表一

工作流程	工作岗位	过程指导(文件)	参考文件	结果(文件和照片资料)
开工前准备	总监理工程师	由监理工程师审完后，交付总监下发开工令	工程例会作业指导书、施工组织审核作业指导书*	① 施工组织设计审核表； ② 施工组织设计报审表； ③ 开工报告审核表； ④ 开工报告； ⑤ 开工令
前期项目工作检查	监理员	请参考前期工作检查作业指导书*，以确定通信设备全部到位，前一道工序的质量合格	前期工艺检查表	前期工艺检查表
材料进场及安全文明交底	监理员	① 请参考进场设备、材料检验作业指导书*； ② 对工程实施进行安全交底工作	材料检查表、现场文明安全交底表	① 现场文明安全交底表； ② 材料检查表
通信设备机房基础建设	监理员	请参考通信设备机房基础建设工艺检查作业指导书*	监理日记(施工)、监理工作联系单(有重大问题时产生)、工艺检查表、整改通知单	① 机房土建基础墙壁、地面、门窗照片； ② 机房温度、湿度、洁净度表； ③ 机房线槽、壁槽的位置、路由、深度和宽度检查表 ④ 机房安全检查表 ⑤ 市电引入，机房照明安装良好照片
设备与器材检验	监理员	请参考通信设备与器材检查作业指导书*	监理日记、监理工作联系单、工艺检查表、整改通知单	① 主设备开箱测量照片、记录表； ② 工程辅材测量照片、记录表
施工技术及机具仪表检验	监理员	请参考施工技术与机具仪表工艺检查作业指导书*	监理日记、监理工作联系单、工艺检查表、整改通知单	① 施工技术与机具仪表检验记录表； ② 施工技术与机具仪表检验记录表
走线架安装	监理员	请参考走线架安装工艺检查作业指导书*	监理日记、监理工作联系单、工艺检查表、整改通知单	① 走线架接地照片； ② 走线架完工整体照片

续表二

工作流程	工作岗位	过程指导(文件)	参考文件	结果(文件和照片资料)
主设备安装	监理员	请参考主设备安装工艺检查作业指导书*	监理日记、监理工作联系单、工艺检查表、整改通知单	① 机柜整体、机柜固定螺丝照片; ② 主设备固定安装照片; ③ 电源线、光纤布放、标签标识照片 ④ 主设备施工质量检查表
开通测试	监理员	请参考开通测试检查作业指导书*	通信设备调测报告	① 通信设备开通报告; ② 通信设备完工整体施工质量检查表
工程预验收	监理工程师	请参考工程预验收作业指导书	工程预验收作业报告、工艺检查表	① 工程预验收作业报告; ② 工艺检查表; ③ 监理档案
工程验收	监理工程师	① 按照完成通信设备上报验收清单,逐一进行验收; ② 收集验收纪要作为后续付款的依据	工程验收报告	① 验收申请表; ② 工程验收证书; ③ 工程验收存在问题及处理意见表; ④ 工程质量整改通知书; ⑤ 监理通知回复单; ⑥ 工程保修记录表
工程结算	监理员 监理工程师	请参考工程结算作业指导书*	工程结算审核意见表	工程结算审核意见表
监理档案制作	监理工程师	① 收集并汇总各站点的现场资料; ② 组织本专业所有员工进行编制	档案资料目录清单	各种档案资料

注：星号标注的是监理公司提供的内部文件,供新入职员工学习使用,具体内容未经授权不能出版。本书中只提供文件名称作为参考。

5.3 有线设备工程监理的要点

5.3.1 有线设备工程监理质量控制的要点

有线设备工程监理质量控制的要点包括材料进场及安全文明交底、走线架和槽道安装、机架安装、线缆布放与端头成端处理、机房建设、铜(铝)馈电母线安装、主设备安装、设备调测、标签制作、竣工验收等 10 个环节，具体内容如表 5-2 所示。

表 5-2 有线设备站工程监理质量控制的要点

序号	工程环节	施工内容	监理质量控制的要点	监理方式
1	材料进场及安全文明交底	① 材料进场； ② 检查施工人员的安全作业证	① 逐一开箱检查进场材料规格、数量、出厂日期、合格证书； ② 检查现场施工人员的安全员证、登高证、安全文明交底等	平行检查
2	走线架和槽道安装	① 室内走线架的安装； ② 室内槽道的安装	① 安装位置要符合设计要求； ② 水平度、垂直度符合设计要求； ③ 走线架、槽道横铁要均匀； ④ 立柱垂直度、位置符合设计要求； ⑤ 盖板、侧板、吊挂、漆色符合要求	巡视、平行检查
3	机架安装	机架安装	① 机架安装位置； ② 水平度、垂直度； ③ 对地加固、机顶加固； ④ 子架的安装； ⑤ 机架标识	巡视、平行检查
4	线缆布放与端头成端处理	① 布放线缆； ② 线缆端头成端	① 电缆的规格、程式； ② 电缆直流特性和绝缘； ③ 电缆布放、绑扎； ④ 各种电缆端头余留长度统一； ⑤ 各种线缆在配线架内的路由、弯曲度； ⑥ 各种电缆端头处理和电缆线的标识	旁站、测量

续表

序号	工程环节	施工内容	监理质量控制的要点	监理方式
5	机房建设	机房环境	① 机房土建; ② 机房安全	旁站
6	铜(铝)馈电母线安装	① 馈电母线接头处理; ② 馈电母线走向; ③ 馈电母线绝缘、防腐处理	① 馈电母线接头、连接螺栓尺寸; ② 馈电母线走向、支撑加固; ③ 馈电母线绝缘带、绝缘漆	巡视
7	主设备安装	① 交换设备的安装规范; ② 传输设备的安装规范; ③ 数据设备的安装规范	① 设备安装位置、水平度、垂直度抗震加固; ② 电源线、信号线分开布放整齐; ③ 设备接地保护; ④ 绑扎均匀,各种标识齐全; ⑤ 设备内暂未安装的空槽位应用假面板安装; ⑥ 设备机架内线缆不影响机架关门、不能挡住设备插槽的进出	旁站
8	设备调测	① 交换设备调测; ② 传输设备调测; ③ 数据设备调测	① 可靠性测试; ② 障碍率测试; ③ 业务性能测试; ④ 维护管理与故障诊断测试; ⑤ 过负荷测试; ⑥ 联机测试	旁站
9	标签制作	① 标签制作; ② 标签粘贴	① 机架上的标签; ② 机框内模块上的标签; ③ 线缆上的标签	旁站、巡视
10	竣工验收	① 竣工文件; ② 验收评价	① 审核资料是否齐全、数据是否真实、符合归档要求; ② 考核工程质量,确认验收结果	检查会议、评定

1. 材料进场及安全文明交底

(1) 逐一开箱检查进场材料的规格、数量、外观、出厂日期、合格证书、技术说明书等。开箱验货示意图如图 5-1 所示。

(2) 检查现场施工人员的安全员证、登高证等,对施工单位、厂家督导进行安全交底,如图 5-2 所示。

图 5-1　开箱验货示意图

图 5-2　对施工单位、厂家督导进行安全交底

2. 走线架和槽道安装

安装槽道和走线架时，监理人员应按下列要求进行质量控制。

(1) 测量槽道和走线架位置时，应对设备机房面积大小、地槽、门窗、进出线孔洞等位置进行测量，线缆较多时，还要分层安装并与设计图纸进行核对。走线架分层安装图如图5-3 所示。若误差较大，则应与建设单位和承包单位共同协商处理。若影响工程施工，则下达整改通知。

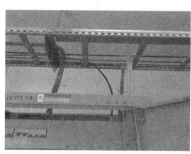
图 5-3　走线架分层安装图

(2) 水平走线架、槽道安装位置、高度要与设计图纸一致。一般来说，走线架、槽道高度为 263 cm 或 223 cm，左右位置偏差不大于 5 cm，水平偏差不大于 0.2 cm，每列槽道或走线架应成一条直线，偏差不大于 3 cm，垂直走道、槽道位置应与上下楼洞孔或走线路由相适应，穿墙走道位置与墙洞相适应，垂直度偏差不大于 0.1%。槽道安装如图 5-4 所示。

图 5-4　槽道安装示意图

(3) 走线架穿过楼板孔或墙洞的地方应加装子口保护。放绑线料完毕后应用阻燃材料盖板封住洞口。防火泥堵封孔洞如图 5-5 所示。

图 5-5　防火泥堵封孔洞示意图

(4) 应将交流线槽和直流线槽分开敷设，电缆槽和信号线槽分开敷设。走线槽安装如图 5-6 所示。

图 5-6　走线槽安装示意图

3. 机架安装

(1) 设备机架排列位置应符合工程设计平面的要求。立架前先拆卸子架机盘，以方便安装和保护设备。安装宽机架(260 cm × 60 cm × 30 cm 或 220 cm × 60 cm × 30 cm)时，底部要用 4 套 Φ10～12 mm 膨胀螺栓进行加固；安装窄机架(260 cm × 30 cm × 15 cm 或 220 cm × 30 cm × 15 cm)时，至少要用 2 套膨胀螺栓。有活动地板的机房，还要加机架底座，且机架底座要比地板表面高 0.3～0.5 cm。在施工过程中，当机架位置需要变更时，必须得到设计单位与建设单位的允许，并办理相应手续。

(2) 机架安装时垂直度偏差不大于 0.1%，可用吊线锤测量。如达不到垂度要求，可用铅皮或薄铁皮垫平。各机架之间垂直缝隙偏差不大于 0.3 cm。几个机架排列在一起时，设备面板应在同一平面、同一直线上。当需要调整机架的位置、水平度或垂直度时，可用橡皮锤轻敲机器底部(不得用铁锤直接敲打设备)，使之达到设计要求。机架安装如图 5-7 所示。

图 5-7　机架安装示意图

(3) 安装列头柜、列中柜、尾柜时应采用两套膨胀螺栓对地加固，列柜顶端应采用夹板与槽道(或走线架)上梁加固。机架地脚安装必须拧紧、无松动，同类型相邻机架应采用架间固定。机架地脚安装如图 5-8 所示。

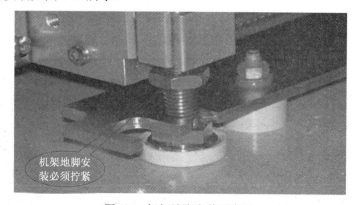

图 5-8　机架地脚安装示意图

(4) 交、直流电源分配柜应分开设置，交直流机架应分开不同列摆放。机架排列如图 5-9 所示。

图 5-9　机架排列示意图

(5) 机架内外必须保持清洁，无杂物和任何金属丝。图 5-10 所示机架内部未清理干净，不合格。

(6) 机架上各种零件不得脱落或碰坏，如漆面有脱落，则应补上相同颜色的油漆。

(7) 地震设防烈度在 7 度及以上地区的机房，安装机架时必须按照 YD 5059—98《通信设备安装抗震设计规范》的要求和方法进行抗震加固。

图 5-10　机架内部示意图

4. 线缆布放与端头成端处理

(1) 信号线、电源线的规格要符合设计要求，且要有出厂合格证、进网许可证。信号线每百米绝缘电阻应大于 200 MΩ/250 V，电源线每百米绝缘电阻应大于 100 MΩ/500 V。线缆外皮无老化、破损、扭伤，电压降要符合指标要求。

(2) 信号线、电源线布放需走向合理、排列整齐。线缆布放如图 5-11 所示。实际测量布放长度、布放路由、位置应符合工程设计图纸的要求。

图 5-11　线缆布放示意图

(3) 电源线和信号线必须整条布放，严禁线缆中间有接头。电源线与信号线布放如图 5-12 所示。直流电源线布放时，正极为红色线缆，负极为蓝色线缆；交流电源线必须有接地保护线，且接地保护线为黄绿色。电源芯线对地或芯线之间绝缘电阻应大于 1 MΩ/500 V。

图 5-12　电源线和信号线布放示意图

(4) "三线分开"。为避免线缆之间信号的相互干扰,信号线、交流电源线和直流电源线须分开布放。若信号线和电源线在同一路由布放,则线缆间隔至少要达到 5 cm,且布线要整齐、美观、绑扎均匀,应采用隔板或铠装波纹管等隔离,不得打结扣和死弯。电源线与信号线布放、隔离如图 5-13 所示。

图 5-13　电源线与信号线布放、隔离示意图

(5) 信号线缆转弯布放时,应满足线缆的弯曲半径要求。根据线缆的粗细,线缆转弯的曲率半径一般大于等于 4 cm 或是线缆直径的 20 倍以上。线缆弯曲布放如图 5-14 所示。

图 5-14　线缆弯曲布放示意图

(6) 线缆布放应顺直、排列整齐、拐弯均匀、不交叉、不得溢出槽道,并用扎带将同类线缆每隔 10～20 cm 或在走线架横铁上进行绑扎,绑扎整齐、均匀、松紧适度。电缆绑扎示意如图 5-15 所示。

图 5-15　电缆绑扎示意图

(7) 墙壁线槽内线缆布放时，应排列整齐、顺直、无交叉，每隔 50 cm 用塑料卡子将其固定在壁槽内。

(8) 射频同轴线端头处理。

① 电缆芯线剖头外露尺寸应与电缆终端插头尺寸相匹配。

② 芯线焊接牢固，焊锡适量，焊点光滑，不呈尖形或瘤形，屏蔽网均匀散开，紧贴同轴插头配件外导体。成端完成后，线缆内外导体的绝缘电阻应不小于 100 kΩ。同轴电缆端头如图 5-16 所示。

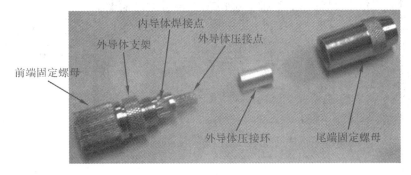

图 5-16　同轴电缆端头

(9) 音频电缆端头处理。

① 电缆剖头长度一致，剖线时不能伤及芯线，剖头处应套上合适的热缩套管，芯线预留长度一致，出线时一般采用扇形或梳形，各端子板线序统一。

② 进行芯线卡接时，要使用专用工具，不得使用其他工具代替或手工卡接。芯线卡接枪如图 5-17 所示。

图 5-17　芯线卡接枪

③ 焊接芯线时，芯线与端子板紧密贴合，焊接点光滑，无虚焊、假焊、漏焊、错焊。焊接完成后，允许露出铜芯 0.1 cm 以下。

④ 当芯线采用绕接时，必须使用芯线绕线枪。芯线绕线枪如图 5-18 所示。

图 5-18　芯线绕线枪

(10) 屏蔽线端头处理。屏蔽线剖头长度要一致，剖头处应套上热缩套管，且热缩套管长度统一、型号匹配、热缩均匀，芯线与端子焊接或压接牢固。屏蔽层应均匀分布在插头外导体压接处或焊接在接地端子上。

(11) 电源线端头处理。

① 电源线成端时，线缆接头应采用同种规格的铜耳压接牢固，无变形、接触良好，如图 5-19 所示。布放好的电源线末端和电缆剖头处必须用胶带和护套封扎，如图 5-20 所示。

电源线成端时，线缆接头应采用同种规格的铜耳压接牢固

图 5-19   线缆接头采用铜耳压接

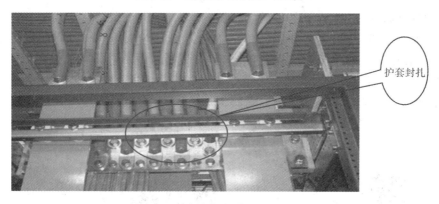

护套封扎

图 5-20   线缆接头采用护套封扎

② 截面在 100 mm^2 以上的多股电源线端头应加装接线端子(铜鼻子)，尺寸与导线线径适合。铜鼻子与电源线的端头应镀锡，并用专用工具进行压接。纯铜接线端子/铜鼻子和液压钳分别如图 5-21 和图 5-22 所示。

图 5-21   纯铜接线端子/铜鼻子

图 5-22   液压钳

5. 机房建设

通信设备对机房环境的要求较高，对机房温湿度、灰尘颗粒大小、照明、防雷接地等均有严格要求。

(1) 机房土建或改造完成后，要求室内的油漆、涂料粉刷完毕并干燥，严禁漏雨和渗水出现。机房的楼层负荷应符合要求，一般机房活动负荷必须在 600 kg/m^2 以上，安装有蓄电池的机房负荷应在 800 kg/m^2 以上。

(2) 机房地面平整、光洁，倾斜度不大于 0.1%；墙体、地面和门窗坚固、严实，能防尘、防水，防老鼠等小动物入内。通信机房土建示意图如图 5-23 所示。

图 5-23　通信机房土建示意图

(3) 通信机房出入门的高度、宽度要符合设计规定，不得妨碍设备的搬运，预留孔洞尺寸、位置应符合设备安装和线缆布放要求。

(4) 机房温湿度、洁净度要满足通信设备指标的要求，一般情况下通信机房环境温度为 18℃～28℃，相对湿度为 20%～80%，洁净度要达到通信设备指标的要求。空调设备制冷、制热正常，通风管道安装符合要求，且运转正常。

(5) 机房市电正常引入，照明安装良好，能正常使用，如图 5-24 所示。

图 5-24　机房市电和照明正常

(6) 机房建筑的防雷接地、保护接地、工作接地及引线应合格，接地电阻应满足工程设计的要求，接总地排的总地线必须单独引入，其线径应大于等于 95 mm^2，每个机架必须单独接保护地线，不能串接，其线径应大于等于 16 mm^2。机房接地排如图 5-25 所示。

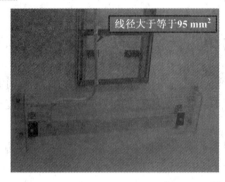

图 5-25 机房接地排示意图

6. 铜(铝)馈电母线安装

(1) 馈电母线安装位置应符合工程设计图纸要求，安装牢固，保持垂直与水平，水平度偏差不大于 0.5 cm/m。馈电母线在上线柜内安装时，应有支撑绝缘子与上线柜固定，并保持支撑绝缘子对称、等距。馈电母线安装示意图如图 5-26 所示。

图 5-26 馈电母线安装示意图

(2) 馈电母线接头部位的连接采用鸭脖弯连接时,其鸭脖弯长度为馈电母线厚度 C 的 2.3 倍,连接部位长度不小于馈电母线宽度 b。鸭脖弯连接示意图如图 5-27 所示。采用过渡板连接时，连接部位长度应大于馈电母线宽度 x 的 2 倍。过渡板连接示意图如图 5-28 所示。两馈电母线之间还应留有 0.1~0.2 cm 间隙。

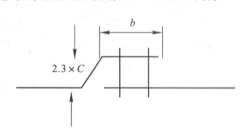
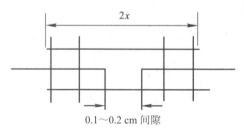

图 5-27 鸭脖弯连接示意图　　图 5-28 过渡板连接示意图

(3) 馈电母线接头部位之间及馈电母线与设备端子之间的连接，其接触面应平整、接触要紧密。用 10 mm × 0.05 mm 的塞尺插入的深度不得大于其宽度的 1/10。

(4) 馈电母线扭转麻花弯时，其扭转部分的全长应不小于馈电母线宽度的 2.5 倍。馈电母线扭转麻花弯如图 5-29 所示。

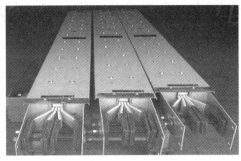

图 5-29   馈电母线扭转麻花弯示意图

(5) 馈电母线转弯部位不得有裂纹及明显的皱折，转弯处弯曲半径要一致，其平弯的弯曲半径不小于馈电母线厚度的 2 倍。

(6) 馈电母线接头部位净距离要符合以下规定：

① 馈电母线接头部位距支撑绝缘子的净距离不小于 5 cm；

② 多片馈电母线的接头部位应互相错开，净距离不小于 5 cm；

③ 馈电母线的接头部位距离弯曲处不小于 3 cm；

④ 馈电母线穿越楼层或墙孔处不应有连接接头。

(7) 如馈电母线末端有可能继续延伸，则应预留 20 cm，并应钻好接头孔，以便下次安装使用。如馈电母线末端不会继续延伸，则要预留 5 cm。

(8) 在馈电母线上缠绕绝缘胶带或喷刷油漆时，缠绕或喷漆必须均匀，注意应在馈电母线连接处及两侧 0.5 cm 内涂刷，如图 5-30 所示。对于绝缘带、油漆的颜色，直流馈电母线的"正"极为红色，"负"极为蓝色。

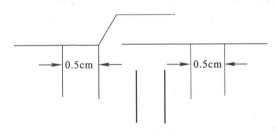

图 5-30   馈电母线上缠绕绝缘胶带或喷刷油漆尺寸示意图

(9) 馈电母线电压降要符合工程设计规定。通电 1 小时后，用点温计测量，馈电母线连接头及馈电母线与设备连接处的温度应不大于 70℃，电源线与设备连接处的温度应不大于 65℃。

7. 主设备安装

(1) 机架内设备的安装位置应符合工程设计施工图纸中设备安装面板图纸的规范要求。

(2) 机架内设备应与立柱固定，质量较大的应同时安装托板。

(3) 宽度小于机架左右加固立柱标准间距的设备，应紧固在机架内的托板上。

(4) 设备机框内暂未使用的空槽位应采用厂家提供的假面板安装。空槽位假面板如图 5-31 所示。

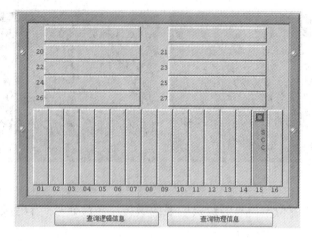

图 5-31　空槽位假面板示意图

(5) 机架内设备的连接线缆不得影响机架门的开关，不能挡住设备插槽的进出。机架内连接线布放如图 5-32 所示。

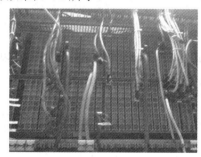

图 5-32　机架内连接线布放示意图

8. 设备调测

1) 交换设备调测

交换设备系统检查调测工序包括通电前调测、硬件调测、系统调测。监理工程师及监理人员对这三个工作工序的质量控制点如下。

(1) 通电调试前调测控制点。在通电调测时，监理工程师应在机房内通过巡视和旁站进行监理。

① 程控数字交换设备的标称直流工作电压为−48 V，电压允许变化范围为−57～−40 V，按此指标对直流配电柜和列头柜的直流输出进行测试。

② 设备通电前，应对下列内容进行调测：各种电路板数量、规格及安装位置与施工文件图纸相符合；设备标志齐全正确；设备的各种选择开关应置于指定位置；设备的各级熔丝规格符合相应规范；列架、机架及各种配线架接地良好。

③ 承包单位应将上述检查结果填入通电前调测报验申请表，报送监理工程师审核签证后，方可进行通电调测。

(2) 硬件调测控制点。监理工程师可按下述各个质量控制点，巡视检查硬件调测工序：

① 各级硬件设备按厂家提供的操作程序逐级加上电源。

② 设备通电后，调测所有变换器开关电源模块的输出电压，使之符合规定。

③ 各种外围终端设备应齐全，自测正常。设备内风扇装置应运转良好。

④ 调测交换机、配线架等各级可闻、可见的告警信号装置应工作正常、告警准确无误。

⑤ 交换系统配置的时钟同步装置应工作正常。各级交换中心配备的时钟等级和性能参数应符合国家的相关标准和规定。

⑥ 通过人机命令或自检对设备进行测试检查，确认硬件系统无故障，并提供测试报告。

⑦ 承包单位应按上述各项填报硬件检查测试报验申请表，报送监理工程师审核签证后方可进行硬件调测。

(3) 系统调测控制点。程控交换系统检查测试是设备安装阶段的最后一道工序，也是对程控交换设备性能指标和功能指标的全面验证，是安装质量控制的重点。监理工程师应按系统建立功能、系统交换功能、系统维护管理功能、系统信号方式及网络支撑四个方面控制安装质量。上述四个方面的控制点如下：

① 系统建立功能：系统初始化；系统自动/人工再装入；系统自动/人工再启动。

② 系统交换功能：市话本局及出入局(包括移动电话局)呼叫；市话汇接呼叫；与各种用户交换机的来去话呼叫；国内、国际长途来去(转)话呼叫(人工、半自动、全自动)；市-长、长-市局间中继电路呼叫；计费功能；非话业务、特种业务呼叫；新业务呼叫；智能网功能；综合业务数字网功能。

③ 系统维护管理功能：软件版本应符合相关标准和合同规定；人机命令检查核实；告警系统测试；各种业务观察和统计；例行测试；中继线和用户线的人工测试；用户数据、局数据生成规范化检查和管理；故障诊断；冗余设备的自动倒换；输入、输出设备性能测试。

④ 系统信号方式及网络支撑：用户信号方式(模拟、数字)；局间信令方式(随路、共路)；系统的网同步功能；系统的网管功能。

2) 传输设备调测

承包单位完成设备安装各工序，并经监理工程师现场检验签证后，应在监理工程师的现场旁站监理下，对设备逐级加电，并逐级检查电源告警装置(声/光)是否正常。若加电后一切指标符合要求，则承包单位填写设备加电报验申请表，监理工程师签证见证后即可进行光传输设备的调测。

(1) SDH 传输设备系统主要检查测试项目如表 5-3 所示。

表 5-3　SDH 传输设备系统主要检查测试项目一览表

序号	项目	检 查 内 容	监理方式
1	设备安装	① 机架安装位置、垂直度、水平度； ② 子架的安装	巡视
2	电缆信号线布放	① 布放电缆及光纤连接线； ② 编、绑、扎； ③ 布放数字配线架信号线； ④ 信号线成端和保护	旁站、检查

序号	项目	检查内容	监理方式
3	传输设备检查与测试	① 检查项目：电源及告警功能； ② 光接口测试项目：平均发送光功率、光发送眼图、接收机灵敏度、过载功率； ③ 再生放大器抖动传递特效； ④ 电接口测试项目：输入口允许比特率容差、输入抖动容限、输出口最大允许输出抖动、映射抖动和结合抖动； ⑤ 时钟性能检查与测试	旁站、检查
4	数字配线架检查与测试	① 检查项目：同轴连接器接触电阻、介入损耗、反射损耗、拉脱力； ② 测试项目：绝缘电阻测试、串音防卫度	旁站、检查
5	系统性能测试与检查	① 测试项目：光通道衰减、误码性能、抖动性能； ② 检查项目：公务联络性能、自动倒换性能、选择和切换定时源性能、告警功能	旁站、检查
6	系统管理功能检查	④ 故障管理功能； ② 性能管理功能； ③ 配置管理功能； ④ 安全管理功能	旁站、检查

(2) 设备告警功能应按表 5-4 所列项目进行检查，指标应符合设备技术规定。

表 5-4　设备告警功能检查表

序号	告警功能检验项目
1	电源告警
2	机盘失效
3	机盘缺失
4	参考时钟失效
5	信号丢失
6	帧失步(LOF)
7	帧丢失(OOF)
8	接收 AIS
9	远端接收失效(FERF)
10	信号劣化码(BER > 1.00E-6)
11	信号最大误码(BER > 1.00E-3)
12	远端接收误码(PEBE)
13	指针丢失(LOP)
14	电接口复帧丢失(LOM)
15	激光器自动关断(ALS)

(3) 下列光接口检查项目应符合设计要求：消光比；发送信号眼图；激光器工作波长；最大均方根谱宽；最小−20 dB 谱宽；最小边模抑制比；光接口回波损耗。

(4) 光接口测试项目。

① 平均发送功率测试，在 ODF 架上测试时，允许引入不大于 0.5 dB 的损耗。

② 接收机灵敏度测试，在 R 参考点测得的平均接收功率的最小值应符合设计规定。

③ 接收机过载功率测试，在 R 参考点，接收机过载功率的指标应符合设计规定。

(5) 下列电接口检查项目应符合设计要求：输入口允许损耗；输出口信号(包括 AIS)比特率；PDH 接口输出信号波形和参数；STM-1 输出信号眼图；接口回波损耗。

(6) 下列时钟性能检查项目应符合设计要求：AIS 频率精确；时钟锁定范围；SDH 设备的内部自由振荡时钟频率精度的验收指标不得超过 $\pm 4.6 \times 10^{-6}$。

(7) 数字配线架的测试项目。

① 绝缘电阻测试：同轴连接器内外导体之间绝缘电阻不小于 500 MΩ/500 V(直流电压)；120 Ω/120 Ω 平衡式连接器任两端子间及任一端子对地之间绝缘电阻不小于 500 MΩ/500 V (直流电压)；测试数量：每架 10 回线。

② 回线间串音防卫度应符合下列规定：对于 75 Ω / 75 Ω 不平衡式连接器单元，串音防卫度不小于 70 dB；对于 120 Ω / 120 Ω 不平衡式连接器单元或 75 Ω / 120 Ω 阻抗转换连接器单元，串音防卫度不小于 60 dB；测试数量：每架 6 回线。

③ 误码观察测试：在振动状况下连续观察 15 分钟，不应出现误码；测试数量：每架 10 回线。

3) 数据设备调测

(1) 节点调测。节点调测的项目包括以下内容：

① 设备加电、检查软硬件配置；

② 路由器功能检查测试：路由协议、路由表、收敛能力及收敛时间、邻接关系、连通性、配置文件的保存、测试口令是否加密、登录验证；

③ 局域网检查测试：各网段间的通信及隔离性、服务器与路由器的连通性、各网段与外界的连通性；

④ 服务器基本功能检查测试：操作基本功能、网络配置、文件的安全性、服务进程状态、基本服务及应用软件功能；

⑤ 用户接入情况检查测试：用户各种接入方式、用户验证、权限、对用户开放的服务功能。

(2) 联网调测。联网调测的项目包括全网节点路由的连通性、出口路由的备份及网络的各项功能。

9. 标签制作

(1) 标签内容应清晰可见，标签内容禁止手工录入，标签的全部内容均应朝向机柜外侧，标签之间应有明显层次，不能相互遮挡。标签的粘贴如图 5-33 所示。

(2) 机架位置标签一般由字母和数字组合而成。例如，B01 表示 B 排第 1 个机架。一般来说，A00 表示 A 排的电源列头柜。机架标签粘贴如图 5-34 所示。

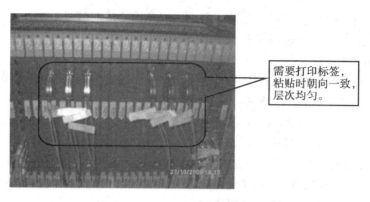

图 5-33　标签的粘贴

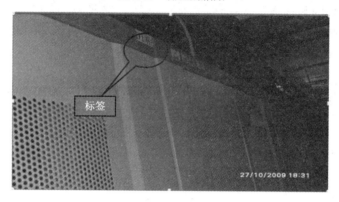

图 5-34　机架标签粘贴

(3) 资产标签应先粘贴在各块板的正面空位上，若正面没有地方，则粘贴在上面板。资产标签粘贴如图 5-35 所示。

图 5-35　资产标签粘贴

(4) 要求机架内部和机架之间的所有连线、插头都贴有标签，并注明该连线的起始点和终止点。标签粘贴在距线缆头 2～3 cm 处。粘贴标签时，一排标签的间距和朝向应一致。光纤标签和电源线标签粘贴分别如图 5-36 和图 5-37 所示。

(5) 线缆标签的粘贴应明显且具有永久性。线缆标签粘贴如图 5-38 所示。

图 5-36　光纤标签粘贴　　　　　　图 5-37　电源线标签粘贴

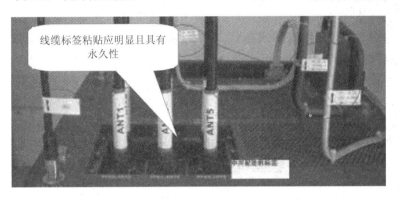

图 5-38　线缆标签粘贴

10. 竣工验收

通信设备安装工程验收的工序包括施工队自验、预验、初验、试运行和终验。试运行的时间不少于 3 个月。试运行投入的设备容量为 20%以上的电路负载，并且带业务联网运行。试运行期间对设备的主要性能、功能、指标进行跟踪观察，若发现不符合工程设计的要求，则应责令承包单位限期整改，整改合格后，次月重新试运行 3 个月。此工作循环直至整改和试运行达标为止。

通信工程验收中的质量控制点如下：

(1) 承包单位在设备安装调测完毕并编写出工程竣工技术资料后，即可填报工程竣工验收申请单，报送监理单位，申请工程竣工验收。

(2) 监理单位收到承包单位验收申请单后，项目总监理工程师应组织专业监理工程师和承包单位项目经理及主要技术管理人员，依据工程建设合同、工程设计文件、通信行业和国家相关技术规范，对该通信设备安装工程进行预验收。

(3) 承包单位应对预验收中出现的质量问题及时进行整改，并回复监理单位整改后的工程状况。

(4) 监理单位在收到整改情况回复后，应派监理工程师进行检验。工程检验合格后，监理单位签证验收申请单，编写预验报告，并将验收申请单和预检报告报送建设单位。

(5) 通信设备安装工程的初验、试运行、终验由建设单位主持并组织，监理工程师除履行监理任务外，还应给建设单位做好验收的参谋和组织工作。

5.3.2   有线设备工程监理安全管理的要点

为提高通信行业建设工程安全生产水平，指导通信建设企业按照安全生产的要求进行生产作业，减少人身伤亡等事故的发生，在进行通信建设时必须按照《生产安全法》《建设工程安全生产管理条例》《通信建设工程安全生产操作规范》等法律法规严格进行。

1. 有线设备工程监理安全管理的要点

(1) 有线设备工程监理安全管理的一般要求如下：

① 机房内严禁堆放易燃、易爆物品。严禁在机房内吸烟、饮水。

② 作业人员不得触碰正在运行的设备，不得随意关断电源开关。

③ 严禁将交流线挂在通信设备上。

④ 使用机房原有电源插座时必须先测量电压，核实电源开关容量。

⑤ 高处作业时应使用绝缘梯或高凳。严禁脚踩铁架、机架和电缆槽道。严禁攀登配线架支架。严禁脚踩端子板、弹簧排。

⑥ 涉电作业必须使用绝缘良好的工具，并由专业人员操作。在带电的设备、头柜、分支柜中操作时，作业人员应取下手表、戒指、项链等金属物品，并采取有效措施防止螺丝钉、垫片、铜屑等金属材料掉落引起短路故障。

(2) 铁件加工与安装的安全管理要点如下：

① 铁件制作时，加工用的铁锤木柄应坚固，木柄与铁锤连接处必须连接牢固，防止铁锤脱落。

② 使用电钻钻孔时，应检查电钻绝缘强度，严禁使用不合格的电钻。电源插座必须接触良好，不得使用破损、裂纹、松动的插座。

(3) 安装机架和布放线缆的安全管理要点如下：

① 进入机房时应将机房地面孔洞用木板盖好，防止人员、工具、材料掉入孔洞。

② 在地面、墙壁上埋设螺栓时，应注意避开钢筋、电力线暗管等隐蔽物，无法避免时，应通知建设单位采取措施。

③ 立机架时，地面应铺木板或其他物品，防止划坏机房地面或因机架滑倒而伤人或损坏设备。机架立起后，应立即固定，防止倾倒。

④ 扩容工程在撤除机架侧板、盖板时应有防护措施，防止设备零件掉入机架内部。

⑤ 扩容工程立架时应轻起轻放，对原有设备机架采取保护措施，防止碰撞。

⑥ 放线缆拐弯、穿墙洞的地方应有专人把守，不得硬拽，伤及电缆。扩容工程新机架连接电源时，应将机架电源保险断开或将空气开关处于关闭状态，并摆放"禁止合闸"警示牌。

⑦ 机架顶部作业、接线、焊线时应有防护措施，防止线头、工具掉入机架内部。

⑧ 布放运行设备机架内部的线缆时，应轻放轻拽，避免碰撞内部插头。

⑨ 电缆热缩套管热缩时，必须使用塑料焊枪或电吹风热缩，不准使用其他方式热缩。

⑩ 埋设地线挖沟、坑之前，必须了解地下管线及其他设施情况，特别要了解并掌握电力电缆和通信电缆的埋设位置，做好安全保护。

(4) 设备加电测试的安全管理要点如下：

① 设备加电时,加电工具需性能良好(需具备相应的校验证书和合格证书),并做好绝缘保护措施;加电操作人员必须具有电工资质;操作时必须沿电流方向逐级加电、逐级测量。

② 插拔机盘、模块时必须佩戴接地良好的防静电手环,防止静电伤害设备,如图 5-39 所示。

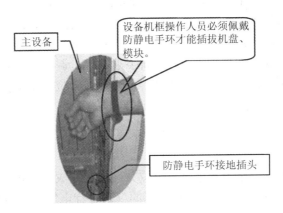

图 5-39 插拔机盘、模块时佩戴防静电手环

5.4 有线设备工程监理案例

案例一、通信设备通电测试

1. 背景材料

在某局数据机房设备扩容工程施工中,施工人员拆下正在运行的 3 号机柜侧门,布放扩容设备与在线设备之间的信号电缆。布放完毕后,安装 3 号机柜侧门时,在侧门复原的瞬间,侧门下方"啪"的一声严重打火,这时,在设备旁可闻到烧焦的气味。作为应急处理,现场监理工程师立即让施工人员停止施工,并迅速通告机房值班人员检查机房内设备的工作情况。经过值班人员检查,通信运行未受影响。

2. 存在的问题

作为监理工程师,上述情况该如何处理?

3. 案例处理

(1) 检查设备接地线是否牢靠;

(2) 要求施工人员佩戴防静电手环。

案例二、交换设备安装案例

1. 背景材料

因某长途交换系统增加长途智能网功能,于某天 22:00~24:00,软调人员为软件打补丁(patch)。次日 8:30 后,3 个长途线路陆续申告长途线路不通,14:00 故障排除,造成 3 个局向长途线路中断 14 小时的通信事故。

2. 存在的问题

造成上述通信事故的责任由谁承担？

3. 案例原因分析

运维部门技术人员确认上述通信事故为软件故障，他们排除故障使长途线路恢复到软调之前的状态并正常运行。调试单位新招聘人员上机操作造成软件错误，由于00:00～8:00长途话务稀少，未及时发现问题。责任认定：承包单位未通知监理单位而擅自施工，上机操作前未通知建设单位主管和机房负责人，安排新手独立上机调测，属于违章操作，具体操作内容未告知机房值班人员，调试后未进行验证，所以承包单位负全部责任。

案例三、传输设备安装案例

1. 背景材料

某干线光缆传输工程分别由几个承包单位共同安装完成。在进行系统测试时，各承包单位都用自己单位分别从A、B、C等公司购买的仪表进行电气指标的测试。监理人员进行了旁站并对测试数据进行了确认。

2. 存在的问题

监理人员对承包单位的测试工序是否有监理不到位的地方？

3. 案例原因分析

本工程中监理不到位的情况是：在使用前，监理人员未对通信工程中待使用的所有仪表进行审查。只有外观正常，附件齐备，性能良好，并经过法定计量单位鉴定的、在有效期内的仪表才允许使用。

案例四、数据设备安装案例

1. 背景材料

某紧急数据通信设备安装工程的施工进场手续已全部办理完毕。施工单位人员直接携带施工的工(器)具进入现场进行施工，安装定位设备机架，标记好设备固定膨胀螺栓的位置，使用电动冲击钻对楼面进行钻孔，安装膨胀螺栓。此时发现，用于防烟尘的吸尘器不能有效吸尘，造成机房内烟雾弥漫，现场监理工程师立即制止，下达暂停施工令。由于施工工地距离施工单位较远，紧急调用吸尘器到施工现场也不可行，施工因此耽误一天。

2. 存在的问题

为什么施工单位人员使用器具时会出现上述现象？如何避免上述问题？

3. 案例原因分析

由于施工单位没有定期对施工的工(器)具进行性能检查，监理单位没有提醒施工单位对携带至现场的工(器)具进行开工前的性能确认，导致防烟尘的吸尘器不能有效吸尘，造成工程延误，施工单位和监理单位双方都有责任。

监理人员在新工程开工前，要提醒施工单位对工程项目准备使用的工(器)具、仪表进行性能确认和检查。现场开工时，监理人员应对施工单位的工(器)具性能情况进行再次确认，如案例四中提及的吸尘器的吸尘防护功能,以及部分工具的绝缘处理、仪表的校验核准单等。

 **本章小结**

　　本章主要介绍了有线设备工程监理的目标、范围、特点、工作流程和监理要点。重点介绍了有线设备工程监理质量控制的要点,监理的目标、范围、特点、工作流程,其中质量控制的要点包括材料进场及安全文明交底、走线架和槽道安装、机架安装、线缆布放与端头成端处理、机房建设、铜(铝)馈电母线安装、主设备安装、设备调测、标签制作和竣工验收等10 个环节。

　　实施有线设备工程监理的总目标在于控制工程投资、提高工程质量和投资的经济效应与社会效应。有线设备工程监理的中心任务是控制有线设备工程项目的造价、质量、进度、安全、信息和合同进行控制与管理,协调好建设单位和施工单位或是厂家的关系,更高质量地完成工程建设,得到建设单位的认可,即掌握通信工程监理"四控制、两管理、一协调"的运用。

 **课后习题**

　　1. 有线设备建设工程监理包括哪些部分?

　　2. 有线设备建设工程监理的工作流程主要包括哪些?

　　3. 有线设备建设工程监理质量控制的要点有哪些?

　　4. 有线设备工程监理安全管理的要点有哪些?

　　5. 有线设备工程监理的特点有哪些?

　　6. 交换设备调测内容有哪些?

　　7. 传输设备调测内容有哪些?

　　8. 数据设备调测内容有哪些?

第6章　基站建设工程监理

【主要内容】

本章主要介绍从基站土建基础施工开始至基站设备安装开通结束的全过程监理,包括材料进场及安全文明监理、基础施工监理、铁塔类天线支架安装监理、非铁塔类天线支架安装监理、天线馈线安装监理、机房建设监理、走线架安装监理、主设备安装监理和动力系统安装上电监理。

【重点难点】

本章重点是基站建设工程监理的工作流程、质量检查和安全检查;难点是基站建设工程监理的质量检查。

6.1　基站建设工程监理概述

6.1.1　基站建设工程监理目标

基站建设工程监理是指具有基站工程监理相应资质的监理单位受基站工程项目建设单位的委托,依据建设主管部门批准的基站项目工程建设文件、基站建设工程委托合同及建设工程的其他合同(采购、施工等)对基站建设工程实施的专业化监督管理。实行基站建设工程监理的总目标在于提高工程建设的投资效益和社会效益。基站建设工程监理的中心任务是控制基站建设工程项目的投资、进度和质量三大目标。这三大目标是相互关联、相互制约的目标系统。通过对项目的"四控制、两管理、一协调",使质量、工期、投资在这个既统一又矛盾的目标系统中达到最优的目标值。

6.1.2　基站建设工程监理范围

基站建设工程监理是指基站从土建基础施工开始至基站设备安装开通结束的全过程监理,包含基础工程(含机房)监理、铁塔建设监理、天馈及设备安装监理三大阶段,具体有材料进场及安全文明交底监理、基础施工监理、铁塔类天线支架安装监理、非铁塔类天线支架安装监理、天线馈线安装监理、机房建设监理、走线架安装监理、主设备安装监理和动力系统安装上电监理等 9 个环节。基站工程监理必须参照《通信基站建设工程监理作业指导书》《通信基站建设工程监理细则》《通信基站建设工程施工标准》和《通信基站建设工程验收规范》等关于铁塔、天馈系统、各类通信设备的施工标准、要求及验收规范进行监理。

6.1.3　基站建设工程监理的特点

基站建设工程监理的特点主要体现在以下几个方面。

(1) 基站工程点多、面广。为了实现基站对于用户的全覆盖，必须在一些偏远地区建设基站。为了满足业务容量需求，在人口密集地区往往集中了大量的基站。同时开工的工程数目众多，分布也极其分散。

(2) 施工工种多。通信基站工程分为基础工程(含机房)和通信铁塔的制作、安装。基础工程作为铁塔的塔基(机房则用来安放基站、传输、电源等设备)属土建专业，通信铁塔属钢结构的高耸构筑物，是微波天线、发射天线的支撑平台，除极少量的屋顶塔涉及建筑物的修复外，其余均为钢结构专业范围内的工作内容，技术专业类别非常专一。

(3) 单位工程工期短、工程量小。虽然总工程量巨大，但对于每个基站而言，工程量并不大，工程工期也就短。

(4) 制约因素多，工程变更多。基站工程变更的原因既有发包方、承包方的原因，又有监理方、设计方的主观原因，还有不可抗力的自然寄生客观原因等。

(5) 要求施工队伍素质高。为了能够顺利、高质量地完成基站建设工程的施工，就必须有高素质的技术和管理队伍，采用科学的管理方法，才可以建造出高质量的基站工程。

6.2　基站建设工程监理的工作流程

基站建设工程监理的工作流程包括准备阶段、施工阶段和竣工验收阶段的监理工作，具体流程如表 6-1 所示。

表 6-1　基站建设工程监理的工作流程

工作流程	工作岗位	过程指导(文件)	参考文件	结果(文件和照片资料)
任务委托	监理工程师	① 保存移动方下发的任务表(FOXMAIL、HTM 文本)；② 更新到日常日报表	日常日报表	日常日报表
现场勘察	监理工程师	请参考勘察作业指导书*	现场勘察记录表和监理日记	① 现场勘察记录表；② 监理日记
设计会审	监理工程师	① 由设计院按时间计划出图；② 请参考组织设计会审作业指导书*；③ 收集设计会审纪要	设计会审纪要	① 会议签到表；② 设计会审纪要

工作流程	工作岗位	过程指导(文件)	参考文件	结果(文件和照片资料)
开工前准备	总监理工程师	由监理工程师审完后，交付总监下发开工令	工程例会作业指导书*、施工组织审核作业指导书	① 施工组织设计审核表； ② 施工组织设计报审表； ③ 开工报告审核表； ④ 开工报告； ⑤ 开工令
前期项目工作检查	监理员	请参考前期工作检查作业指导书*，以确定站点通信设备全部到位，前一道工序的质量合格	前期工艺检查表	前期工艺检查表
材料进场及安全文明交底	监理员	① 请参考进场设备、材料检验作业指导书*； ② 对工程实施进行安全交底工作	材料检查表、现场文明安全交底表	① 现场文明安全交底表； ② 材料检查表
通信基站基础建设	监理员	请参考通信基站基础建设工艺检查作业指导书*	监理日记(施工)、监理工作联系单(有重大问题时产生)、工艺检查表、整改通知单	① 基础放线、开挖、垫层照片； ② 一次验筋、二次验筋照片； ③ 地网、地锚、模板安装照片； ④ 商砼浇筑、基础竣工照片； ⑤ 基础隐蔽工程检查表
铁塔类天线支架安装	监理员	请参考铁塔类天线之间安装工艺检查作业指导书*	监理日记、监理工作联系单、工艺检查表、整改通知单	① 铁塔称重、塔件测量照片和记录表； ② 铁塔主、附材螺栓、螺母照片； ③ 支臂、爬梯、接地照片； ④ 安全警示标志照片； ⑤ 铁塔竣工整体照片

续表二

工作流程	工作岗位	过程指导(文件)	参考文件	结果(文件和照片资料)
非铁塔类天线支架安装	监理员	请参考非铁塔天线支架安装工艺检查作业指导书*	监理日记、监理工作联系单、工艺检查表、整改通知单	① 地角及穿墙钉、螺栓、螺母的照片; ② 拉线、女儿墙照片; ③ 支臂、接地焊接照片; ④ 天线支架完工整体照片; ⑤ 楼顶拉线塔施工过程检查表
天线馈线安装	监理员	请参考天馈线工艺检查作业指导书*	监理日记、监理工作联系单、工艺检查表、整改通知单	① 天线安装整体照片; ② 馈线走线及标签照片; ③ 馈线接头防水包封照片; ④ 天线馈线施工质量检查表
机房建设	监理员	请参考机房建设工艺检查作业指导书*	监理日记、监理工作联系单、工艺检查表、整改通知单	① 机房上下圈梁、散水、防水照片; ② 机房馈线窗、加固钢板防盗门照片; ③ 机房竣工整体照片; ④ 机房施工期间检查表; ⑤ 机房竣工检查记录表
走线架安装	监理员	请参考走线架安装工艺检查作业指导书*	监理日记、监理工作联系单、工艺检查表、整改通知单	① 走线架接地照片; ② 走线架完工整体照片
主设备安装	监理员	请参考主设备安装工艺检查作业指导书*	监理日记、监理工作联系单、工艺检查表、整改通知单	① 机柜整体、机柜固定螺丝照片; ② 主设备、传输设备固定安装照片; ③ 电源线、光纤布放、标签标识照片; ④ 主设备施工质量检查表

工作流程	工作岗位	过程指导(文件)	参考文件	结果(文件和照片资料)
动力系统安装上电	监理员	请参考动力系统安装检查作业指导书*	监理日记、监理工作联系单、工艺检查表、整改通单	① 电源柜整体、柜内熔丝信号线照片; ② 蓄电池整体、蓄电池防盗网照片; ③ 电源线走线照片; ④ 开关电源、蓄电池施工质量检查表
开通测试	监理员	请参考开通测试检查作业指导书*	基站开通报告、测试表	① 基站开通报告; ② 基站完工整体施工质量检查表
工程预验收	监理工程师	请参考工程预验收作业指导书*	工程预验收作业报告、工艺检查表	① 工程预验收作业报告; ② 工艺检查表; ③ 监理档案
工程验收	监理工程师	① 按照完成开通站上报验收清单,抽取20%站点进行验收; ② 收集验收纪要作为后续付款的依据	工程验收报告	① 验收申请表; ② 工程验收证书; ③ 工程验收存在问题及处理意见表; ④ 工程质量整改通知书; ⑤ 监理通知回复单; ⑥ 工程保修记录表
工程结算	监理员监理工程师	请参考工程结算作业指导书*	工程结算审核意见表	工程结算审核意见表
监理档案制作	监理工程师	① 收集并汇总各站点的现场资料; ② 组织本专业的所有员工进行编制	档案资料目录清单	各种档案资料

注:星号标注的是监理公司提供的内部文件,供新入职员工学习使用,具体内容未经授权不能出版。本书中只提供文件名称作为参考。

6.3   基站建设工程监理的要点

6.3.1   基站建设工程监理质量控制的要点

基站建设工程监理质量控制的要点包括材料进场及安全文明交底、基础施工、铁塔类天线支架安装、非铁塔类天线支架安装、天线馈线安装、机房建设、走线架安装、主设备安装、动力系统安装上电等 9 个环节，具体监理质量控制的要点如表 6-2 所示。

表 6-2　基站建设工程监理质量控制的要点

序号	工程环节	施工内容	监理质量控制的要点	监理方式
1	材料进场及安全文明交底	① 材料进场； ② 检查施工人员的安全作业证	① 检查进场材料规格、出厂日期、合格证书； ② 检查现场施工人员的安全员证、登高证等	平行检查
2	基础施工	① 基坑开挖； ② 钢筋绑扎； ③ 接地网、地锚安装； ④ 基础浇筑	① 土方开挖； ② 钢筋绑扎、焊接； ③ 模板安装； ④ 接地网安装； ⑤ 地锚安装； ⑥ 混凝土浇筑； ⑦ 回填土方	旁站
3	铁塔类天线支架安装	① 铁塔主、附材安装； ② 支臂、接地、爬梯安装； ③ 设置安全警示标志	① 自立式铁塔安装； ② 单管塔(柜)安装； ③ 铁塔安装检查	旁站
4	非铁塔类天线支架安装	① 天线支架主、附材安装； ② 支臂、接地、避雷装置安装； ③ 拉线、穿墙钉施工	① 增高架安装； ② 抱杆安装； ③ 构件连接和固定检查	旁站
5	天线馈线安装	① 天线安装； ② 馈线安装； ③ 防雷接地	① 天线安装； ② 馈线安装； ③ 防水密封处理； ④ 接头处理	旁站
6	机房建设	① 机房基础、上下圆梁； ② 机房散水、防水、台阶； ③ 机房装修加固、防盗门	① 机房土建； ② 机房装修； ③ 外电引入； ④ 消防工程； ⑤ 空调安装	旁站
7	走线架安装	① 室内走线架安装； ② 室外走线架安装	① 室内走线架安装； ② 室外走线架安装	旁站
8	主设备安装	① 综合柜、主设备机柜安装； ② 主设备、传输设备安装； ③ 线缆布放	① 设备的安装位置、水平度、垂直度、抗震加固； ② 电源线、射频线、信号线分开布放整齐； ③ 设备接地保护； ④ 绑扎均匀，各种标识齐全	旁站
9	动力系统安装上电	① 交流配电箱安装； ② 蓄电池安装； ③ 电缆布放	① 交流配电箱安装； ② 蓄电池安装； ③ 电缆布放	旁站

1. 材料进场及安全文明交底

(1) 检查进场材料的规格、出厂日期、合格证书。监理单位应会同建设单位、承包单位一起对现场材料进行清点，检查铁塔基础材料和塔身构件的尺寸、种类、数量、规格和镀锌厚度等外观质量是否符合设计要求。凡是没有产品出厂合格证及检验不合格者，必须分开堆放，限期撤出现场。

(2) 检查现场施工人员的安全员证、登高证等。

2. 基础施工

1) 土方开挖

(1) 土方开挖时，放线位置应符合设计要求，倒塌距离为塔高+避雷针+2 m预留。不得靠近电磁场强、功力大的电台，雷击区，油库以及腐蚀性强的地带和易燃、易爆、危险品仓库等场所。若500 m内有其他运营商铁塔，则应优先考虑共享铁塔，无法共享时才能建站。画线测量如图6-1所示。

(2) 开挖基础坑和连系梁的长、宽、深、中线、对角线、边线、标高等应符合工程设计要求，开挖时应注意坑边变化，防止塌方、侧滑。土方开挖如图6-2所示。监理工程师应对照勘察报告，检查基坑、基槽的土质是否符合设计要求。

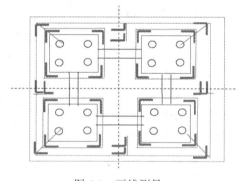

图6-1　画线测量

图6-2　土方开挖

(3) 基坑开挖到设计深度后，要将桩孔底部的虚土清理干净。如遇到雨季，则要进行覆盖，防止雨水浸泡，出现基坑坍塌。

(4) 基坑开挖的土方应堆放在基坑四周1 m以外的范围，留出工作面，以便下道工序施工。

(5) 对于地下水位高、渗水量大的地区，一般要采用挡土板护壁。施工时，要采取排水措施，一边抽水，一边做护壁，避免因孔内积水过多使桩孔坍塌。

2) 钢筋绑扎、焊接

(1) 钢筋加工前应进行焊接试验，合格后方可使用。

(2) 根据钢筋配料单、设计图纸和实际单图的规定加工钢筋(提供国标钢材及甲方指定的品牌，监理人员检测钢筋规格、型号、数量及出厂合格证)。

(3) 在加工过程中出现钢筋因弯曲折断，应停止使用，检查原因。如果钢材试样强度复试不合格，则必须停止使用该批钢筋。

(4) 箍筋弯钩135°，弯钩长度宜大于钢筋直径的10倍。钢筋绑扎如图6-3所示。Ⅰ级钢筋两端需作 180°弯钩，其圆弧弯曲直径应不小于钢筋直径的 2.5 倍。Ⅱ级钢筋末端弯折时，弯曲直径应不小于钢筋直径的 4 倍。

(5) 钢筋网长、宽、网眼应符合设计要求，长、宽允许偏差为 10 mm，网眼允许偏差为±20 mm。

(6) 钢筋骨架尺寸应符合设计要求，长允许偏差为±10 mm，宽、高允许偏差为±5 mm。

(7) 单面焊接时焊缝长度应大于钢筋直径的 10 倍，双面焊接时焊缝长度应大于钢筋直径 5 倍，焊缝厚度不宜小于钢筋直径的 0.3 倍。钢筋焊接如图 6-4 所示。

(8) 不允许有夹渣、虚焊、漏焊和过焊现象。

图 6-3 钢筋绑扎   图 6-4 钢筋焊接

3) 模板安装

(1) 模板及其支架应根据工程结构形式、荷载大小、地基土类别、施工设备和材料供应等条件进行设计。在浇筑混凝土之前，监理工程师应对模板安装工程进行检查和签认。模板安装尺寸的允许偏差及检验方法应符合表 6-3 的要求。

表 6-3 现浇模板安装尺寸的允许偏差及检验方法

项 目		允许偏差值/mm	检验方法
轴线位置		5	钢尺检查
底模上表面标高		±5	水准仪或拉线、钢尺检查
截面内部尺寸	基础	±10	钢尺检查
	柱、梁	+4～−5	钢尺检查
层高垂直度	≤5 m	6	吊线、钢尺检查
	>5 m	8	吊线、钢尺检查
相邻两板表面高低差		2	钢尺检查
表面平整度		5	2 m 靠尺或塞尺检查

(2) 模板接缝不应漏浆，模板与混凝土接触面应清洁干净并涂刷隔离剂。模板安装如图 6-5 所示。

(3) 浇筑混凝土之前，模板内应无积水和杂物，且将模板清洁干净。安装模板和浇筑混凝土时，应对模板及其支架进行观察和维护，发生异常情况时应及时进行处理。

(4) 模板拆除时，混凝土强度应能保证其表面及棱角不受损伤。

图 6-5　模板安装

4) 接地网安装

(1) 接地体埋设前，接地钢管型号、数量和扁钢型号、长度等均应符合设计要求；钢管、扁铁必须热浸镀锌。

(2) 按设计要求埋设接地体，焊好接地体之间引接线，接地体一般应埋设在铁塔基础周围。如接地体连接线遇连系梁，则应从其下方通过。接地钢管埋设深度应符合设计要求，一般顶部距地面不少于 0.7 m。测试阻值应小于等于 5 Ω，如超出规定阻值，则应增加降阻剂。

(3) 接地钢管需用扁钢连成一体，焊接处需做防腐处理，扁铁和引上线的数量、长度应符合设计要求。接地网安装如图 6-6 所示。

图 6-6　接地网安装

(4) 基桩内的钢筋也可以作为接地体的一部分，与接地引入线连接。接地引入线应从接地装置中心部位引接，多根接地引入线不应在同一接点引接，应互相错开。

(5) 监理人员检查接地装置的敷设时，需要求接地体与连接线之间进行焊封，且焊缝平整、饱满、没有明显气孔，并对焊点进行防腐处理，严禁用螺栓连接。

(6) 接地引入线(扁钢)搭接长度要求大于等于 2 b (b 为扁钢宽度)，搭接处要进行焊接，要求焊缝平整、饱满，无明显气孔、咬边等缺陷。接头处要做防腐处理。

(7) 接地引入线穿墙时要有保护管，跨越建筑物间隙时要有余量，接地引入线与接地铜排连接处的接触面镀锡要完整，螺栓要坚固。

(8) 接地装置完成后，监理单位应会同相关单位对接地电阻值测试并记录，接地电阻值应符合设计要求。雨后不宜立即测试。

(9) 接地网敷设应按设计图纸进行。因条件所限，无法按图纸施工时，要向建设单位提出变更申请，由设计单位编制变更设计图纸，经总监理工程师签字确认后方可施工。

5) 地锚安装

(1) 地锚尺寸规格、质量应符合设计要求，地锚螺栓露出地面的部分需热镀锌，做防锈处理。地锚安装如图 6-7 所示。

(2) 地锚位置、螺栓高低应符合设计要求，中心位置允许偏差为 5 mm，水平高度允许偏差为 3 mm。

(3) 地锚水平放置时，上端丝扣必须紧到位，外漏丝扣满足双母一垫，禁止地锚螺栓对焊。

图 6-7　地锚安装

6) 混凝土浇筑

(1) 水泥、砂、石标号应符合设计要求，配合比应按照国家标准《硅酸盐水泥、普通硅酸盐水泥》(GB 175—1999)的有关规定，水泥标号必须符合设计要求。

(2) 混凝土所用的砂、石、水的质量应符合国家现行标准《普通混凝土用碎石或卵石质量标准及检验方法》(JGJ53—92)、普通混凝土用砂、石质量标准及检验方法》(JGJ52—2006)及《混凝土拌合用水标准》(JGJ63—2006)等的有关规定。在施工现场，监理工程师应对砂、石材料的含泥量、含水量等进行检查。水的盐碱度不得超标，不得使用污水。

(3) 浇筑时采用振捣器捣实混凝土，混凝土应按国家标准《普通混凝土配合比设计规程》(JGJ55)的有关规定，其添加高度不宜超过 50 cm。混凝土浇筑如图 6-8 所示。每一振点振捣延续时间应使混凝土表面呈现浮浆和不再沉落，捣实普通混凝土的移动间距宜在 150～200 mm。

图 6-8　混凝土浇筑

(4) 浇筑时要注意四个基桩水平一致，任意两个相邻基桩中心距离一致，可以用水平测量仪进行测量。

(5) 混凝土浇筑的间歇时间不应超过混凝土的初凝时间。当需要间歇时，应按设计要求预留施工缝。再次浇筑之前，应按施工技术方案中对施工缝的要求进行处理。

(6) 现浇混凝土基础结构的外观质量不应有严重缺陷。对已经出现的严重缺陷，应由施工单位提出技术处理方案并经监理(建设)单位认可后进行处理。对经处理的部位应重新进行检查。对已出现的一般缺陷，也应视情况进行处理。

(7) 现浇结构不应有影响结构性能和使用功能的尺寸偏差，对超过尺寸允许偏差且影响结构性能和安装、使用功能的部位，应由施工单位提出技术处理方案，并经监理(建设)单位认可后进行处理，对经处理的部位应重新进行检查。

7) 回填土方

(1) 回填土前承包单位应填写《基桩工序报验申请表》(附录：A4)报监理机构，监理机构应派监理工程师和相关人员对基础的浇筑情况按隐蔽工序进行检查和签认，若验收不合格，则不得进行回填土。

(2) 回填土时基础的结构混凝土应达到一定的强度，并应清除沟槽内的杂物。接地体角钢周围不要用岩石回填，而要用软土回填，以保证接地电阻良好，回填土要层层夯实。回填土方如图 6-9 所示。

(3) 拉线塔的拉锚坑回填土层层夯实后，还必须高出地面 15～30 cm，预留沉降量。

(4) 承包单位应定期对基础回土进行 2～3 次补填。尤其在降雨后，回填土下沉量大，承包单位应及时进行补填。

图 6-9   回填土方

3. 铁塔类天线支架安装

常见铁塔的类型有单管塔(如图 6-10(a)所示)、三管塔(如图 6-10(b)所示)、四角塔(如图 6-10(c)所示)等。

1) 自立式铁塔安装

(1) 采用扩大拼装(单根杆件拼接成组合件进行安装)时，对容易变形的构件，监理人员应要求做强度和稳定性验算，需要时，应采取加固措施，防止损坏结构。

(2) 采用综合安装时，监理人员应查验承包单位划分的独立单元是否合理，每一体系(单元)的全部构件安装完毕后是否具有足够的起吊空间。同时还应检查吊装支撑点的强度和稳定性。

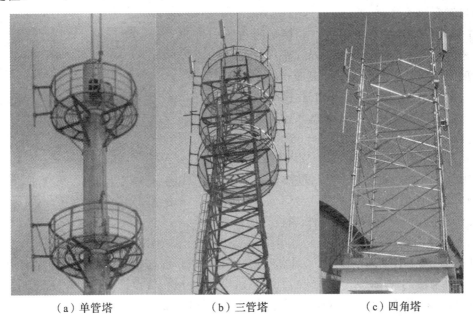

（a）单管塔　　　　　（b）三管塔　　　　　（c）四角塔

图 6-10　铁塔类型

(3) 采用整体起吊安装时，监理人员应要求承包单位对安装的辅助设施及机具有完整的计算。

(4) 塔靴的安装位置应符合施工图设计要求，塔靴与基础顶面应密切贴合，允许间隙小于等于 3 mm，但面积不应超过塔靴底部的 25%；塔靴螺栓孔与基础顶面预埋螺栓中心轴线偏差小于等于 1.5 mm；各个塔靴中心间距应相等，允许偏差小于等于 2.5 mm；四边形塔的对角线应相等，偏差小于等于 3 mm；各个塔靴高度偏差小于等于 1.5 mm。每个塔靴调好水平后应采取临时加固措施，使其承担一个或几个结构单元的负载。第一个结构单元安装完毕后，应用经纬仪检验结构安装的准确性和垂直度，符合要求后用钢结构做永久性支撑或在塔靴钢板下填充水泥砂浆。

(5) 每吊完一层构件后，必须按规定进行校正，这时监理人员应重点进行旁站和检查，图 6-11 和图 6-12 所示分别为铁塔吊装及铁塔吊装完成示意图。

图 6-11　铁塔吊装　　　　　　　　　图 6-12　铁塔吊装完成

(6) 继续安装上一层时，应考虑下一个层间的偏差值。

(7) 对已安装的结构单元,在检测调整时,应考虑外界环境影响(如风力、温差、日照)出现的自然变形。

(8) 采用结点板连接的节点,相接触的两平面贴合率应不低于 75%,用 0.3 mm 塞尺检查,插入深度的面积之和不得大于节点面积的 25%。

(9) 采用法兰连接的节点,法兰接触面的贴合率应不低于 75%,用 0.3 mm 塞尺检查,插入深度的面积之和不得大于总面积的 25%,边缘最大间隙不得大于 0.8 mm。超过时应用垫片垫实,垫片应镀锌,并做防腐处理。未做防腐处理的法兰螺母如图 6-13 所示。

图 6-13　法兰螺母未做防腐处理

(10) 确定几何位置的主要构件(塔挂、横杆、斜杆等)应安装在设计位置上,在松开吊钩前应初步校正并固定。

(11) 天线支撑(抱杆)、挂高、方位应符合设计要求,应与钢塔结构构件牢固连接。

(12) 有塔楼的钢塔,水、电、暖管道位置、强度等应符合设计要求,并应与钢塔构件牢固连接。钢塔楼梯踏步板应平整,倾斜度误差小于等于±2.0 mm。

(13) 直爬梯上下段之间的栏杆及平台护圈竖杆应连成一体,所有栏杆与相邻板之间应牢固连接。

(14) 避雷针的规格、尺寸及其支撑件制作质量应符合设计要求。安装位置应正确、牢固、可靠,针体垂直偏差不大于顶端针杆的直径。避雷针引接线应符合设计和相关规范的规定。一般采用自塔顶避雷针向下引两条扁铁,用 U 型卡与塔体固定。要求引接线顺直、U 型卡分布均匀,间距不大于 2 m。

(15) 通信铁塔避雷针引接线接头处必须进行焊接,不得使用螺栓进行连接。焊缝应平整、饱满,不能有明显气孔、夹渣等缺陷,接头应采取可靠的防腐措施。引接线在塔脚处分别与铁塔的塔脚和地网预留的接头点进行焊接。

(16) 铁塔的障碍灯设置应按照国防部、民航局的规定处理。一般在塔顶设 2~4 个红色的 100 W 的障碍灯。若用交流电做电源,则其电源线必须为屏蔽线,同时电源线蔽层的上下两端应接地。若采用太阳电池做能源,则也应采取相应的防雷措施。

(17) 馈线过桥架的位置、强度应符合设计要求,并应与钢塔结构构件牢固连接。馈线过桥架要有一定的倾斜度,靠馈线窗一端应略高于铁塔一端,斜度的 1%左右。为了防止风力对机房建筑的影响,馈线过桥架要在机房馈线窗的固定端活动连接。

(18) 铁塔安装完毕后,必须进行整体垂直度和高度的测量校正,所有数据必须满足规范要求,露出基础顶面的螺栓应涂防腐材料(如黄油等),防止腐锈和损伤。

2) 单管塔(桅)安装

(1) 单管塔(桅)一般采用机械进行吊装。塔体安装前,监理工程师应对吊装施工技术方案进行审查。

(2) 塔体安装时,应采用安装—测量—校正的方法进行。在安装好第一节塔体后,应及时调整塔体的垂直度,保证单管塔塔体的垂直度偏差满足规范要求。只有在第一层验收合格后，方可进行下道工序的安装。

(3) 塔体就位时，应用定位螺栓插入两层塔体内法兰的螺孔内，以确保塔体的相对位置无误，安装准确。

(4) 安装结束后，应对塔体所有部位的螺栓用力矩扳手进行紧固，以确保扭矩值满足规范要求。

(5) 对塔体的受损部位应要求施工单位进行打砂磨平，并补刷油漆，以保证塔体外观的完整性和美观性。

3) 铁塔安装检查

(1) 独管塔的检查内容：主材直径、长度是否符合设计要求，锚栓螺母垫圈的厚度、直径是否符合设计要求，塔脚钢板的厚度是否符合设计要求；主材直径超过 20 mm 的螺栓等级为 6.8 级，其余及附材为 4.8 级，锚栓螺母厚度 M42 为 32 mm，M48 为 36 mm，M36 为 29 mm；构件整体弯曲不大于长度的 1/1000，局部弯曲不大于被测长度的 1/750；铁塔垂直度不大于铁塔高度的 1/1500；铁塔高度误差为 3 cm；对于构件镀锌层的厚度，大件大于 86 μm，小件大于 65 μm，支臂需垂直安装，误差不超过 1°；螺母数量与设计一致，地脚螺母应为防盗螺母，主材螺丝应由下向上穿丝，外露 3～5 丝扣，法兰与基础之间需加装调节螺母，螺栓螺母需做防腐处理；接地扁铁与塔体应焊接严密，并做防腐处理(如图 6-14 所示)；塔体应安装禁止攀爬标牌；避雷针应保证天线在其 45°覆盖夹角内，安装牢固、端正；安装完成后，游丝绳需固定。

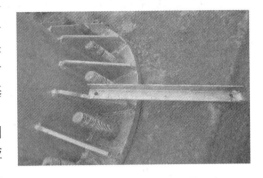

图 6-14　接地扁铁与塔体焊接严密

(2) 三管塔的检查内容：主材的宽度、厚度、长度是否符合设计要求，锚栓螺母垫圈 (6 × 3 = 18 个)厚度、直径是否符合设计要求，塔脚钢板厚度、斜材厚度是否符合设计要求；主材直径超过 20 mm 的螺栓等级为 6.8 级，其余及附材为 4.8 级，锚栓螺母厚度 M42 为 32 mm，M48 为 36 mm，M36 为 29 mm；构件整体弯曲不大于长度的 1/1000，局部弯曲不大于被测长度的 1/750；铁塔垂直度不大于铁塔高度的 1/1500；铁塔高度误差为 3 cm；对于构件镀锌层的厚度，大件大于 86 μm，小件大于 65 μm，支臂需垂直安装，误差不超过 1°；螺母数量与设计一致，主材为双母一垫，附材为一母一垫，主材螺丝应由下向上穿丝，外露 3～5 丝扣，地脚螺母应为防盗螺母，并做防腐处理；避雷针应保证天线在其 45°覆盖夹角内，安装牢固、端正；接地扁铁与塔体应焊接严密，并做防腐措施；塔体应安装禁止攀爬标牌。

(3) 四角塔的检查内容：主材、刨根的宽度、厚度、长度是否符合设计要求，锚栓螺母垫圈厚度、直径是否符合设计要求，塔脚钢板厚度、斜材厚度是否符合设计要求；主材直径超过 20 mm 的螺栓等级为 6.8 级，其余及附材为 4.8 级，锚栓螺母厚度 M42 为 32 mm，M48 为 36 mm，M36 为 29 mm；构件整体弯曲不大于长度的 1/1000，局部弯曲不大于被测长度的 1/750；铁塔垂直度不大于铁塔高度的 1/1500；对于构件镀锌层的厚度，大件大于 86 μm，小件大于 65 μm，支臂需垂直安装，误差不超过 1°；螺母数量与设计一致，主材为双母一垫，附材为一母一垫，螺母紧固到底，外露 3～5 丝扣并做防腐处理，地脚螺母应为防盗螺母；避雷针应保证天线在其 45°覆盖夹角内，安装牢固、端正；接地扁铁与塔体应焊接严密，并做防腐处理；塔体应安装禁止攀爬标牌。

4. 非铁塔类天线支架的安装

由于城市建筑密集度越来越大，而且建筑物的高度也越来越高，在城市建落地塔难度很大，因此大量采用了屋面(顶)建塔的办法(非铁塔类)。

1) 增高架安装

(1) 增高架的底座一般安放在楼房的顶部，利用原来的屋面梁进行承重。屋面增高架的底座一般放置在楼房顶部的梁上，施工单位不得擅自更换放置。

(2) 天线塔体钢管一般为 Q235 普通碳素结构钢，钢管为热镀锌，锌层均匀、无起皮、反锈。天线塔体如图 6-15 所示。

(3) 天线拉线张紧度应适中，无断丝、锈蚀，紧固件无锈蚀现象。天线拉线如图 6-16 所示。

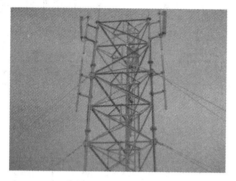
图 6-15　天线塔体

图 6-16　天线拉线

(4) 检查拉线上端与塔体连接点处，拉耳或 U 型卡应连接可靠。U 型卡如图 6-17 所示。拉线下端与女儿墙或房檐的连接应安全可靠。

(5) 拉线应分 3～6 个方向，拉线或支撑不得少于两层，每层应不少于 3 根 7/2.6 拉线，拉线与塔身之间夹角应不小于 30°。拉线回环后每端线夹数量保证每隔 10 cm 一个，且不少于 5 个。天线支臂如图 6-18 所示。

(6) 拉线过墙要使用穿钉，穿钉与角钢连接应不少于 2 个螺母，拉线与角钢连接要使用 U 型卡。

图 6-17　U 型卡

图 6-18　天线支臂

(7) 螺栓螺母、拉线、花栏、线夹、角钢、U 型卡、穿钉等需做防腐处理。

(8) 避雷针应保证天线在其 45° 覆盖夹角内，安装牢固、端正。增高架避雷地要连接在走线架的避雷地上，也可焊接在建筑物的避雷带上，焊接处做防腐处理。

(9) 天线支臂采用两层(每层三根)支臂的方式，上下两层支臂间隔为 1～1.5 m，倾斜度允许偏差小于等于 1%。

2) 抱杆安装

(1) 抱杆一般采用 Φ76 热镀锌钢管制造，管材壁厚大于 5 mm，采用热镀锌，锌层要求无起皮、反锈，如图 6-19 所示。

(2) 抱杆一般要求固定在女儿墙上，墙高大于 1.5 m，墙面无开裂、变形及松动现象。无法安装附墙抱杆时，可采用三叉杆水泥墩固定抱杆，穿墙钉与角钢连接时应不少于 2 个螺母，并做防腐处理。

(3) 抱杆与角钢之间应连接紧固，无锈蚀。

(4) 避雷针应保证天线在其 45° 覆盖夹角内，安装牢固、端正，如图 6-20 所示。避雷地要连接在走线架的避雷地上，也可焊接在建筑物的避雷带上，焊接处做防腐处理，接地阻值小于等于 5 Ω。

图 6-19　抱杆

图 6-20　避雷针

3) 构件连接和固定检查

(1) 各类构件的连接接头，必须经过检查合格后方可紧固和焊接。焊接处防锈处理如图 6-21 所示。

(2) 塔柱、横杆、斜杆及平台主梁连接板(或法兰盘)的螺栓孔必须 100%穿放和拧紧螺栓。螺栓防锈处理如图 6-22 所示。由于构件加工尺寸的误差，次要部位连接板的螺栓孔允许 30% 的孔可不穿放螺栓，但必须用电焊补救，焊缝强度等于该节点的全部螺栓强度。在安装过程中，临时连接时，螺栓、螺母不应少于安装孔总数的 1/3。

图 6-21　焊接处防锈处理

图 6-22　螺栓防锈处理

(3) 塔柱法兰盘用双螺母锁紧，尤其是塔靴与基础预埋螺栓。其他螺栓用弹簧垫片锁紧，螺栓穿入方向应一致且合理，拧紧后外露长度为 2～3 丝扣。

(4) 永久性螺栓连接时，每个螺栓一端不得垫 2 个及以上的垫圈，并不得采用大螺母代替垫圈。螺栓孔不得用气割扩孔。

(5) 焊接时，应保证焊接环境具有良好的条件。当发生风速大于等于 10 m/s(5 级)、雨雪天气、相对湿度大于等于 90%等情况时，不得焊接。焊接人员必须有操作岗位证书。没有上岗证书人员，不得从事这一工作。

(6) 在焊接每层焊缝之前，应将前一层熔渣和溅渣清除。电焊机的搭接点在每层内应互相错开。在焊缝集中的部位，必须严格按照焊接工艺规定的焊接方法和焊接顺序施焊。焊缝外形尺寸应符合国家标准《钢结构焊缝外形尺寸》的规定。

(7) 平台上的钢板拼接均应作封闭焊接，以防漏水。

(8) 所有现场焊缝必须进行检查，检验方法用焊缝量规检查或用无损探伤仪进行无损探伤。焊缝出现裂纹时，焊工不得擅自处理，应查清原因，制定修补工艺后再处理。同一部位焊缝修补不得超过 2 次。

5. 天线馈线安装

1) 天线安装

(1) 天线数量、规格、型号、安装位置应符合工程设计，各天线间隔应符合水平和垂直隔离度的设计要求。

(2) 天线安装在楼顶围墙(女儿墙)上时，天线底部距离围墙最高部分应大于 50 cm。楼顶脆杆站安装时，楼面不应对天线的覆盖方向造成阻挡，楼顶栀杆站的天线底端到楼顶外墙边的连线与楼面的夹角应大于 60°。

(3) 天线抱杆、悬臂及塔体必须紧固连接，符合安全要求。抱杆和悬臂必须防锈、抗腐蚀；抱杆位置设置应符合工程设计要求，抱杆应垂直地面(偏差不超过 1°)。天线与抱杆间的固定必须使用不锈钢螺栓，重要部位应用双螺帽紧固，以确保在恶劣天气条件下不影响方位角和俯仰角的变移。

(4) 全向天线抱杆与塔体之间的间距应不小于 1.5 m，全向天线收、发抱杆间之间的水平间距应不小于 3 m。在屋顶安装时，全向天线与避雷器之间的水平间距应不小于 2.5 m。全向天线如图 6-23 所示。

图 6-23   全向天线

(5) 定向天线安装时，抱杆顶端高出天线顶部应不小于 20 cm，同一系统各天线的高度应保持一致。定向天线如图 6-24 所示。

(6) 天线的前方不应有阻挡，所有天线抱杆必须处于避雷针 45° 保护范围之内。

(7) 天线方位角的设定应符合系统设计要求，最大允许误差应小于 5°。天线俯角的设定应符合系统设计要求，最大允许误差应小于 1°。

图 6-24　定向天线

2) 馈线安装

(1) 馈线的路由应符合施工图设计要求。馈线路由图如图 6-25 所示。

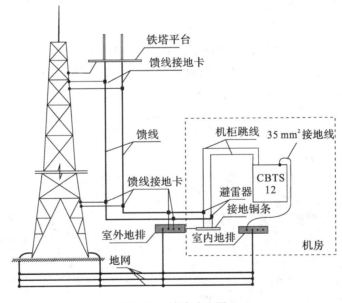

图 6-25　馈线路由图

(2) 馈线头应在塔下制作。一般情况下，制作馈线头必须使用专用馈线刀，按馈线头厂家规定的规范步骤进行。

(3) 馈线吊装要用专用电缆盘支架、滑轮、绳索等设备。捆绑馈线的绳索要牢靠，不能让馈线碰触塔体或墙体以免磨损。馈线裁割后应及时用塑料布袋包封，不能让杂物进入内腔。吊装时两头都应做好标记。

(4) 馈线的安装位置应按室内避雷器的位置确定，每根主馈线安放顺序和穿入窗口尽量避免交叉；主馈线布放应做到顺直牢固，馈线间隔应均匀、平行；必须使用专用的馈线卡，馈线卡安装应牢固并在一条直线上；馈线卡应能卡紧馈线，馈线卡间距在竖直方向上一般应小于 1 m，在水平方向上不大于 2 m；馈线应分层排列，整齐有序。

(5) 馈线每隔 0.8～1 m 用馈线卡固定一次，用钢绳水平吊挂挂钩间距不大于 1 m，垂直下的馈线如无固定位置则应采用挂套吊拉，第一个固定件与馈线接头间的距离应在 60 cm 以内。馈线卡固定间隔如图 6-26 所示。

(6) 7/8 馈线的曲率半径应大于 500 mm，1/4 馈线的曲率半径应大于 1000 mm，5/8 馈线的曲率半径应大于 1500 mm。馈线弯曲半径如图 6-27 所示。要防止造成馈线凹陷，出现馈线凹陷时必须返工重做。

图 6-26 馈线卡固定间隔

图 6-27 馈线弯曲半径

3) 防水密封处理

(1) 室外天线与跳线、跳线与主馈线、接地线与馈线的连接处一定要用防水胶泥和防水胶布做防水密封处理，防止雨水渗入。防水密封处理的要求是：里面缠 2～3 层防水胶带，中间包一层防水胶泥(一卷胶泥包一处)并捏成橄榄型，外面再缠 3～5 层防水胶带，采用半重叠连续绕包，外层胶带应超出胶泥两端各 5 cm 左右，末层胶带缠绕的方向由下向上形成瓦楞型，收尾时应用刀具割断而不能用力拽断，两端应用绑扎带扎好以免散开。RRU 馈线防水包扎和天线馈线头防水包扎分别如图 6-28 和图 6-29 所示。

图 6-28 RRU 馈线防水包扎

图 6-29 天线馈线头防水包扎

(2) 穿入馈线窗孔洞时不能过分用力，不能强行扭曲。馈线进线窗外必须有防水弯，防止雨水沿馈线进入机房，且馈线进机房前宜做 30° 防水弯。防水弯如图 6-30 所示。

(3) 馈线窗孔要用防火泥封堵严实，不渗水、透光，未用的馈线专用空必须用密封盖盖住。馈线窗孔防水密封处理如图 6-31 所示。

图 6-30　防水弯

图 6-31　馈线窗孔防水密封处理

4) 接头处理

(1) 禁止电源线通过馈线专用洞孔进入室内。

(2) 室外馈线头应在塔下制作。一般情况下，制作馈线头必须使用专用馈线刀，按馈线头厂家规定的规范步骤进行。切割外皮时不能划伤馈线外导体，馈线的内芯不得留有任何遗留物，如碎屑，灰尘、雨水、汗滴等。切割制作过程至馈头装上前应使馈线头部向下，装馈头前应用专用清洁毛刷除去杂物，用刀具去毛刺；应避免脏手接触外、内导体，不能漏装密封橡胶圈。

(3) 室内馈线头(跳线头)制作和连接要求应实地量裁馈线长度。按规范要求使用专用工具制作馈线头，馈线的内芯不得留有任何遗留物，馈线头与馈线的连接应做到无松动、无划伤、不露铜、不变形，馈线头与避雷器应连接牢靠。

6. 机房建设

1) 机房土建

(1) 机房不允许建在回填土上方，机房在野外需带空调间。机房土建完成如图 6-32 所示。

(2) 地平面以下为机房基础圈梁，圈梁下为混凝土垫层，垫层下为素砼垫层，素砼垫层下为素土夯实。

图 6-32　机房土建完成

(3) 混凝土均为 C25，钢筋 Q235 级，机房面积应符合设计要求，室内净高度为 3 m，机房门前须 3 个台阶水泥抹面压光，室内地平应高于自然地平 30 cm。

2) 机房装修

(1) 在遵循《中国移动通信防火封堵管理规定》和不破坏原有消防设施条件的前提下，

机房面积大于 35 m² 的基站宜采用轻质防火材料隔断。

(2) 门窗闭锁应安全、牢固、可靠。机房门、锁应为防盗门、防盗锁。必要时,在业主允许的条件下,可在租房站点增加防盗网。

(3) 地板应采用水磨石或耐磨砖,或水泥砂浆防潮地面;墙身、天花板应采用白色涂料。地板、墙身、天花板应不掉灰,不起尘。

(4) 要求门离墙边 10 cm,馈线窗的位置不能正对门(应开在塔基或增高架方向),且距内侧墙边不少于 1 m,尺寸为 400×400 mm 孔洞下沿距地 2400 mm。馈线洞下沿做 5° 斜坡,馈线洞砌筑墙体内四边应用水泥密封。

(5) 所开馈线窗的墙面不允许与交流配电箱共用同一面墙,馈线窗正下方 20 cm 并排在墙体内预埋 2 根 Φ50 mm PVC 塑管且内高外低,保留好密封套。馈线窗如图 6-33 所示。

图 6-33 馈线窗

3) 外电引入

(1) 外电引入要求布线整齐、平直,所有用线必须采用整线连接方式,严禁采用断头复接形式。

(2) 室外直埋电缆敷设深度应符合设计要求。无规定时,一般不小于 60~80 cm。遇有障碍物或穿越公路时应敷设穿线钢管或塑料管。

(3) 电源线弯曲时,弯曲半径应符合规定。铠装电力电缆的弯曲半径不得小于其外径的 12 倍,塑包线和胶皮电缆不得小于其外径的 6 倍。

(4) 交流电缆进入机房前,应留不小于 30° 回水弯。外电引入回水弯如图 6-34 所示。交流引入线穿墙进屋时,墙体内一定要穿管保护,保护管长度略大于墙体厚度 1~2 cm,弯曲处无弯扁现象,出入端的保护管管口需用防火材料封闭严密。

图 6-34 外电引入回水弯

(5) 交流电源线、直流电源线、设备保护地线应分别采用不同的颜色或在接线端子处封装不同颜色的热缩套管以便区分，其颜色规定如表 6-4 所示。

表 6-4　电源线颜色规定

电源线类型	标示	颜色
交流电源线(5 芯线或 4 芯线)	A 相	黄色
	B 相	绿色
	C 相	红色
	零线(中性线)	蓝色
保护地线	—	黑色

(6) 截面在 70 mm^2 以下的多股电源线应加装接线端子，截面超过 70 mm^2 电源线宜采用大一个型号的接线端子，其尺寸与导线线径相吻合，用焊接工具焊接牢固，接线端子与设备接触部分应平整、牢固。

(7) 所有电源线接头应采用铜鼻子压接方式，禁止绕接。电源线与空气开关或电表必须紧固连接，严禁为方便连接而剪掉部分线芯。

(8) 电灯、插座用电应分别由单独的空开控制，要有单独的火线，所有线的线径不小于 4 m^2。电源插座如图 6-35 所示。

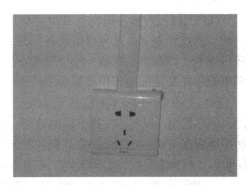

图 6-35　电源插座

(9) 电源配件安装位置应合理，交流配电箱尽量装在电源柜同侧墙壁上，安装高度为下沿距地面 1.5 m 处。避雷箱应安装在距离交流配电箱 10 cm 处上沿，安装完成后，避雷器空开置于开启状态。接地铜排应安装到走线架下方 10 cm 处。

4) 消防工程

(1) 火灾自动报警系统的传输线路和 50 V 以下供电的控制线路，应采用电压等级不低于交流 300 V/500 V 的铜芯绝缘导线或铜芯电缆。采用交流 220 V/380 V 的供电和控制线路时，应采用电压等级不低于交流 450 V/750 V 的铜芯绝缘导线或铜芯电缆。

(2) 火灾自动报警系统的传输线路的线芯截面选择，除应满足自动报警装置技术条件的要求外，还应满足机械强度的要求。铜芯绝缘导线、铜芯电缆线芯的最小截面面积不应小于规定。

(3) 自动消防器安装在走线架上方一排，间隔为 1 m，能照顾到交流配电箱、开关电源、光端机、主设备等设备。自动消防器如图 6-36 所示。

(4) 自动超细干粉灭火器应安装在天花板上(即楼板上，走线架上方一排)，间隔为 1 m。

(5) 机房内至少放置两个手提式水基型(水雾)灭火器，如图 6-37 所示。

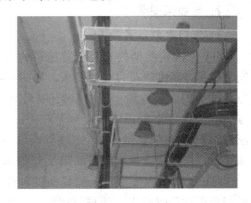

图 6-36　自动消防器

图 6-37 手提式水基型(水雾)灭火器

5) 空调安装

(1) 空调室内机容量应符合设计要求。空调室内机如图 6-38 所示。室内机安装位置应符合施工图设计要求,并与通信设备保持一定距离;室内机背部靠墙,需做好防震加固,同时应考虑利于冷凝水的排放;壁挂空调不能安装在设备顶部,同时应距屋顶 200～500 mm。空调电源应在交流配电箱中设置独立空开,电源线走线应整齐、统一,明线应外加 PVC 套管。

(2) 空调室外机安装位置应利于换热。空调室外机如图 6-39 所示。室外机与室内机之间的距离应尽量短,以利于发挥空调的效率。柜机空调室外机固定于墙面时应使用专用支架,离墙面距离应在 200～400 mm。室外机的安装应安全、牢固,室外机在考虑防盗要求时应安装安全防护网。空调室外线缆必须采用三相五线橡皮电缆,管线较长的应使用 PVC 套管保护固定。

图 6-38 空调室内机

图 6-39 空调室外机

7. 走线架安装

1) 室内走线架安装

(1) 室内走线架的安装位置应符合施工图设计,安装位置、高度应符合设计要求,如图 6-40 所示。室内走线架的安装位置一般在机架(以最高机架为准)上方 200～300 mm 处,走线架应无弯曲、变形、锈迹,左右偏差不得超过 50 mm,走线架高度须平行或低于馈线窗,吊挂或支撑数量以间隔 1.5～2 m 一副为宜。

(2) 走线架应平直、无明显扭曲和歪斜。走线架要与机柜顶部保持平行或直角相交,水平度偏差不超

图 6-40 室内走线架安装

过 2 mm/m。垂直走线架应与地面保持垂直并无倾斜现象,垂直度偏差不超过 3 mm/m。

(3) 走线架均敷设接地线，并在接地处做好防锈处理，所有连接点电气性能应良好(刮掉防锈漆)，走线架之间复联保护地宜采用 16 mm^2 的黄绿电源线；走线架与室内接地铜排应采用 35 m^2 黄绿电源线双侧接地。

2) 室外走线架安装

(1) 室外走线架的安装位置应符合施工图设计，安装位置、高度符合设计要求，如图 6-41 所示。

(2) 进入机房各类线缆必须标识明确，一一对应。室外线缆必须用黑扎带，室内线缆必须用白扎带，绑扎时应整齐美观、工艺良好。

(3) 平直度应保证横平竖直，加固支撑应牢固结实。走线架连接处要做防锈处理。走线架必须接地，接地点要做好防锈处理。

图 6-41　室外走线架安装

8. 主设备安装

1) 设备的安装位置、水平度、垂直度、抗震加固

(1) 设备机架安装位置应准确，排列应按照施工图设计要求，以不影响主设备扩容和维护为原则，如图 6-42 所示。

(2) 设备机架应排列整齐、固定牢固，手摇不晃动。相邻机架应紧密靠拢，整列机架的前、后面至少有一面要求对齐为一条直线(一般情况下前面对齐)，单个机架的垂直度偏差应小于 3 mm。

(3) 机架背面和墙之间不小于 600 mm；机架之上不小于 300 mm；机架前方不小于 800 mm。

(4) 基站的综合机柜要挨着电源柜靠 BTS 设备侧安装，正门朝向基站门方向。

(5) 根据综合配线柜厂家的不同要求，各种单元在机柜内的安装次序及位置不尽相同，推荐的安装次序(从上到下)为：DDF 单元—传输设备—ODF 单元。ODF 架安装如图 6-43 所示。各种单元在柜内的参考安装位置为：ODF 单元，下沿距地 200 mm；SDH 设备，下沿距地 1000 mm；DDF 单元，下沿距地 1600 mm。

(6) 室内走线架应在设备顶上方，设备的正面前沿与走线架一侧垂直对齐。所有的室内设备必须做标签标识，应注明设备的厂家、型号、投入使用时间。

图 6-42　设备机架安装

图 6-43　ODF 架安装

2) 电源线、射频线、信号线分开布放整齐

(1) 电源线：连到无线机架的电源线要求布放整齐、牢固可靠，不能有交叉现象，更不能和其他信号线捆扎在一起。线缆分开布放和线缆布放整齐分别如图 6-44 和图 6-45 所示。

(2) 射频线：当跳线或馈线需要弯曲时，要求弯曲角保持圆滑。当线径为 1/2""(馈线的外金属屏蔽的直径是 127 mm)时，其一次性弯曲的半径不小于 70 mm，二次性弯曲的半径不小于 210 mm；当线径为 7/8""(馈线的外金属屏蔽的直径是 222 mm)时，其一次性弯曲的半径不小于 120 mm，二次性弯曲的半径不小于 360 mm。

(3) 信号线：走线应整齐，捆扎牢固，不能有交叉和空中飞线的现象。对于有多余长度的连线，也要放入走线槽中并进行绑扎，不能盘放在机架内或机架顶上。

 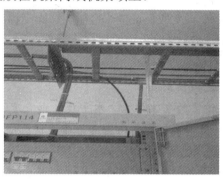

图 6-44　线缆分开布放　　　　　　　图 6-45　线缆布放整齐

3) 设备接地保护

(1) 室内通信设备及供电设备的正常不带电的金属部分，均应与室内接地铜排作可靠保护接地。保护接地如图 6-46 所示。

(2) 保护接地线截面积一般应不小于 35 mm^2，材料为多股铜线。

(3) 各种设备的接地线必须直接引至地线排，不许串接。

(4) 接地线必须直接接触金属外壳，不允许接到漆面外壳。

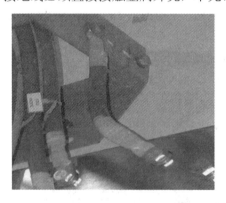 

图 6-46　保护接地

4) 绑扎均匀，各种标识齐全

(1) 设备架顶线缆应绑扎顺直、美观，扎带扣朝向一致，扎带间距一致，统一扎带间距为每间隔 10 cm 扎一道扎带，扎带扣统一扭到背对设备一侧。

(2) 设备机架内线缆应绑扎整齐、美观，绑扎设备电源线和光纤时不能交叉，平行间距大于 5 cm，尾纤盘放弯曲直径大于 80 mm，扎带扣间距为 10～11 cm，平行线缆扎带扣高度应一致。尾纤较长时应整齐盘绕于尾纤盒内或绕成圈后固定于机柜侧面，尾纤盘放弯曲直径大于 80 mm。

(3) 要求机架内部和机架之间的所有连线、插头都贴有标签，并注明该连线的起始点和终止点。光纤标签和电源线标签分别如图 6-47 和图 6-48 所示。标签贴在距线缆头 2～3 cm处，粘贴标签时，一排标签应间距一致，朝向一致。

图 6-47　光纤标签

图 6-48　电源线标签

9. 动力系统安装上电

1) 交流配电箱安装

(1) 交流配电箱的安装位置应符合施工图设计要求；安装要牢固；不能使用木制底板；交流配电箱下禁止安装蓄电池。交流配电箱如图 6-49 所示。

(2) 配电箱内接线连接应正确并牢固，符合施工图设计要求。使用空气开关应正确、合理，符合施工图设计要求，如图 6-50 所示。

图 6-49　交流配电箱

图 6-50　空气开关

(3) 在安装设备接电时，接线位置应严格参照电源柜说明书，特别注意一次下电及二次下电的接线位置(主设备供电必须接至一次下电位置，传输设备及监控设备必须接至二次下电位置)。

2) 蓄电池安装

(1) 蓄电池极板螺母应紧固，极板盖板应齐全，电池电极盖上的测试孔应朝外，如图 6-51

所示。

(2) 电池架安装一定要固定，每颗固定螺丝都要拧紧，不允许有松动的现象。每根电缆线均须用标签标示正确。

(3) 不同性能、规格的电池不能混合使用。在电池安装连接、电池组并接时，操作用的扳手一定要包好绝缘胶带，严防短路。

图 6-51　蓄电池安装

(4) 蓄电池至开关电源采用多根电缆连接时，应保持每根正极电缆长度一致，每根负极电缆长度也一致，以保证每组电池充、放电电压一致。

(5) 蓄电池防护网距蓄电池要有 15 cm 的间隔，所有固定点须用 18 mm 的膨胀螺丝，防护网正面要有三处与地面固定，侧面要有两处与地面固定。防护网与墙面固定应使用 16 mm 穿墙螺丝。

3) 电缆布放

(1) 配电架(箱)至开关电源的交流线采用阻燃线；蓄电池至开关电源的直流线采用阻燃线；开关电源至基站主设备、传输设备的直流线采用阻燃线。

(2) 交流配电箱到开关电源的电源线缆不少于 5 m。如果两者距离较近，则应将多余电源线缆盘整在交流配电箱上方的走线架上。电缆布放如图 6-52 所示。

(3) 电缆芯线颜色应使用正确：红色为正极，蓝色为负极，绿色或黄绿色相间为地线。整根线缆绝缘保护层必须完好无损，中间不能有接头。

图 6-52　电缆布放

6.3.2 基站建设工程监理安全管理的要点

基站建设工程监理安全管理的要点可以分为施工准备阶段，铁塔基础及机房施工阶段，铁塔安装及天线馈线安装施工阶段，外电引入和走线架安装施工阶段，设备安装施工阶段，消防、监控、空调安装施工阶段，具体内容如表 6-5 所示。

表 6-5 基站工程监理安全管理的要点

重点环节	管理要点	安全管理内容	管理措施
施工准备阶段	人员资质安全管理措施	① 设备厂家、施工单位必须对施工人员进行岗前安全培训。 ② 安全管理措施、安全防护用品落实。 ③ 特殊作业人员需持有相应的特种证件，如登高证、电工证等	① 操作人员证件审查； ② 安全管理措施审查； ③ 安全培训检查
	安全防护措施	① 工具防护，安全帽、安全带各个部位无伤痕，绝缘鞋、绝缘手套性能完好不漏电。 ② 人身防护，穿绝缘鞋，戴绝缘手套。 ③ 设备防护，绝缘隔离，防尘，防潮，严禁倒置	现场安全检查
铁塔基础及机房施工阶段	安全措施安全规范	① 在开挖沟槽、孔坑土方前，应调查地下原有电力线、光(电)缆、天然气、供水、供热和排污管等设施路由与开挖路由之间的间距。 ② 开挖土方作业区必须圈围，严禁非工作人员进入。严禁非作业人员接近和触碰正在施工运行中的各种机具与设施。 ③ 人工开挖土方或路面时，相邻作业人员间必须保持 2 m 以上间隔。 ④ 使用潜水泵排水时，水泵周围 30 m 以内不得有人、畜进入。 ⑤ 进行石方爆破时，必须由持爆破证的专业人员进行，并对所有参与作业者进行爆破安全常识教育。炮眼装药严禁使用铁器。装置带雷管的药包必须轻塞，严禁重击。不得边凿炮眼边装药。爆破前应明确规定警戒时间、范围和信号，配备警戒人员，现场人员及车辆必须转移到安全地带后方能引爆。 ⑥ 炸药、雷管等危险性物质的放置地点必须与施工现场及临时驻地保持一定的安全距离。严格保管，严格办理领用和退还手续，防止被盗和藏匿。 ⑦ 不得在高压输电线路下面或靠近电力设施附近搭建临时生活设施，也不得在易发生塌方、山洪、泥石流危害的地方架设帐篷、搭建简易住房。 ⑧ 机房装修、隔断、支撑、固定采用防火材料	现场安全检查

续表一

重点环节	管理要点	安全管理内容	管理措施
铁塔安装及天线馈线安装施工阶段	安全措施安全规范	① 上塔作业人员必须经过专业培训考试合格并取得《特种作业操作证》。 ② 施工人员在进行铁塔和天线馈线等高处作业过程中，应要求承包单位在施工现场以塔基为圆心、1.05 倍塔高为半径的范围圈围施工区，非施工人员不得进入。 ③ 上塔前，作业人员必须检查安全帽、安全带各个部位有无伤痕，如发现问题严禁使用。施工人员的安全帽必须符合国家标准 GB 2811—81，安全带必须经过劳动检验部门的拉力试验，安全带的腰带、钩环、铁链必须正常。 ④ 各工序的工作人员必须使用相应的劳动保护用品，严禁穿拖鞋、硬底鞋、高跟鞋或赤脚上塔作业。 ⑤ 经医生检查身体有病不适应上塔的人员不得勉强上塔作业。饮酒后不得上塔作业。 ⑥ 塔上作业时，必须将安全带固定在铁塔的主体结构上，不得固定在天线支撑杆上。安全带用完后必须放在规定的地方，不得与其他杂物放在一起。严禁用一般绳索、电线等代替安全带(绳)。 ⑦ 施工人员上、下塔时必须按规定路由攀登，人与人之间距离不得小于 3 m，攀登速度宜慢不宜快。上塔人员不得在防护栏杆、平台和孔洞边沿停靠、坐卧休息。 ⑧ 塔上作业人员不得在同一垂直面同时作业，作业时需有专人看护。 ⑨ 塔上作业时，所用材料、工具应放在工具袋内，所用工具应系有绳环，使用时应套在手上，不用时放在工具袋内。塔上的工具、铁件严禁从塔上扔下，大小件工具都应用工具袋吊送。 ⑩ 在塔上电焊时，除有关人员外，其他人都应下塔并远离塔处。凡焊渣飘到的地方，严禁人员通过。电焊前应将作业点周边的易燃、易爆物品清除干净。电焊完毕后，必须清理现场的焊渣等火种。施焊时，必须穿戴电焊防护服、手套及电焊面罩。 ⑪ 输电线路不得通过施工区。遇有此情况，必须在采取停电或其他安全措施后方可作业。 ⑫ 遇有雨雪、雷电、大风(5 级以上)、高温(40℃)、低温(-20℃)、塔上有冰霜等恶劣天气影响施工安全时，严禁施工人员在高处作业。 ⑬ 吊装用的电动卷扬机、手摇绞车的安装位置必须设在施工围栏区外。开动绞盘前应清除工作范围内障碍物。绞盘转动时严禁用手扶摸走动的钢丝绳或校正绞盘滚筒上的钢丝绳位。当钢丝绳出现断股或腐蚀等现象时，必须更换，不得继续使用。 ⑭ 在地面起吊天线、馈线或其他物体时，应在物体稍离地面时对钢丝绳、吊钩、吊装固定方式等做详细的安全检查。对起吊物重量不明时，应先试吊，可靠后再起吊。 ⑮ 铁塔内缘至铁路中心的水平距离应不小于铁塔高度加 3100 mm	现场安全检查

重点环节	管理要点	安全管理内容	管理措施
外电引入和走线架安装施工阶段	安全措施安全规范	① 施工人员需穿戴绝缘手套、绝缘鞋，严禁穿拖鞋作业。 ② 放线缆拐弯、穿墙洞的地方应有专人把守，不得硬拽，以免伤及电缆。 ③ 线缆穿墙、穿层施工完成后，应立即用防火材料封堵孔洞。 ④ 走线架及其他焊接作业时，必须穿戴电焊防护服、手套及电焊面罩。 ⑤ 布放运行设备机架内部的线缆时，应轻放轻拽，避免碰撞内部插头。 ⑥ 电缆热缩套管热缩时，必须使用塑料焊枪或电吹风热缩，不准使用其他方式热缩	现场安全检查
设备安装施工阶段	安全措施安全规范	① 施工人员需穿戴绝缘手套、绝缘鞋，严禁穿拖鞋作业。 ② 在地面、墙壁上埋设螺栓时，应注意避开钢筋、电力线暗管等隐蔽物，无法避免时，应通知建设单位采取措施。 ③ 设备安装作业使用的工具要缠绝缘胶带，禁止将金属工具放置在电源柜和蓄电池上方。 ④ 设备加电时，电源线应接至正确位置(主设备接至一次下电位置，传输、监控、消防等设备接至二次下电位置)，严禁接错、复接	现场安全检查
消防、监控、空调安装施工阶段	安全措施安全规范	① 施工人员需穿戴绝缘手套、绝缘鞋，严禁穿拖鞋作业。 ② 室内机与室外机连接线缆和排水管必须分开打孔，严禁从馈线窗或外电孔洞穿入，施工后用防火材料封堵	现场安全检查

6.4 基站建设工程监理案例

基站工程监理案例一

1. 工程概况

本工程主要是对某运营商电信大厦 1～10 层的 3 部电梯进行移动信号覆盖，并保证通话质量。决定于 3 月 23 日开工，3 月 27 日完工并开通。

2. 存在问题

管理问题：承建单位对本工程存在的工艺问题整改不及时、不彻底。

3. 案例原因分析

监理人员于 4 月 29 日对该工程进行巡检时发现下列工艺问题：主机、八木天线的接地未按下行方向进行接地；八木天线无警示牌，连接八木天线跳线的防水泥包扎不紧崩裂外露；馈线避雷器需要拆除。监理人员随即下发了整改通知书，要求施工单位 3 日内整改完毕，并报监理人员进行复查。5 月 9 日，工程施工方上报监理人员问题已全部整改完毕。监理人员于 5 月 11 日复查发现连接八木天线跳线的防水泥包扎不紧崩裂外露及馈线避雷器需要拆除等问题已整改，但接地问题还未进行整改，监理人员电话通知施工方继续进行整改，监理人员在限期后复查问题得以解决。

4. 案例图片说明

案例一中工程监理发现的问题如图 6-53 所示。

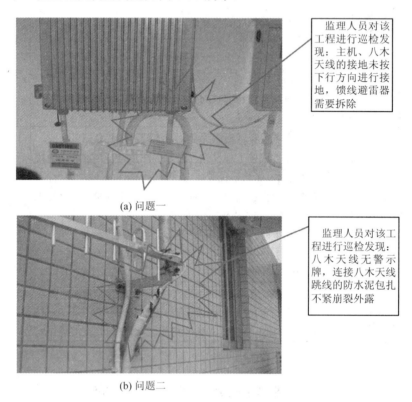

(a) 问题一

监理人员对该工程进行巡检发现：主机、八木天线的接地未按下行方向进行接地，馈线避雷器需要拆除

(b) 问题二

监理人员对该工程进行巡检发现：八木天线无警示牌，连接八木天线跳线的防水泥包扎不紧崩裂外露

图 6-53　工程监理员发现的问题

5. 案例防范措施及建议

(1) 承建单位应加强对下属各分包单位和施工人员的管理教育，对问题要及时进行处理，并将整改情况如实上报承建单位和监理单位。

(2) 监理人员对于工程当中存在的问题要及时跟进处理情况，要明确问题第一责任人，高效、优质地完成监理工作。

基站工程监理案例二

1. 工程概况

某通信公司于 9 月 15 日临时举行一活动，公司周围用户话务量大幅增加，为解决话务问题，该公司于当日下午 15:00 委托任务并要求当日组织勘察、当晚 19:00 前完成工程实施并开通。

2. 存在的问题

紧急载调工程。

3. 案例原因分析

本工程原配置为 4/5/5，因要求完成该站点载调时间紧，从勘察至施工完成只有 4 个小时，中途还需走正常的填单出货、领货等流程。如何周详地考虑好从勘察至施工的各个环节的衔接，合理安排工作，控制好时间是完成此项任务的关键。

4. 案例图片说明

案例二中工程站点载调前及载调后的情况如图 6-54 所示。

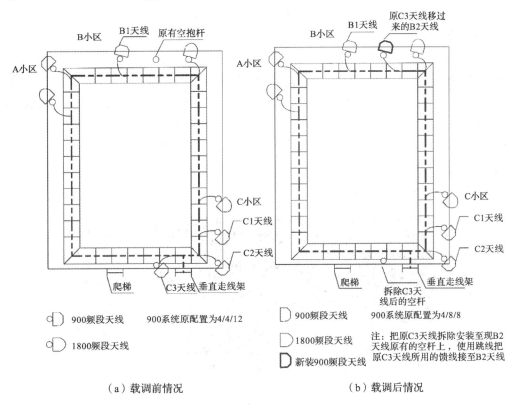

（a）载调前情况　　　　　　　　　　　（b）载调后情况

图 6-54　工程站点载调情况

5. 案例防范措施

(1) 在接受任务时，一般不能立即答复移动公司的项目负责人，对该项紧急工作是否能完成，必须实事求是，经过勘察现场并合理判断后才能给出答复。对于一些绝对无法完成的任务另当别论。该做法可以防止业主项目管理员对监理人员产生"好的工作你就接受，困难的工作你就推托"的负面想法。

(2) 对该类紧急工程，在勘察前必须做好资料搜集的准备工作，充分考虑好各个环节的协调情况及注意事项，包括施工单位人力上的问题，物料是否充沛，联系函证明文件是否齐全等。

(3) 监理人应具备管理方面的知识和良好的技术基础，现场实施时应灵活变通，这也是工程能按时完成的一个很重要的方面。例如，本站由于时间紧急无法加馈线，监理人员应及时向移动公司申请利用原第 3 小区的 7/8 馈线，使工程进度得以大大提前。

基站工程监理案例三

1．工程概况

本工程主要是对某工厂一栋二层办公楼、两栋二层的厂房和厂区道路进行移动信号覆盖，保证通话质量。于 7 月 7 日开工，7 月 15 日完工。

2．存在的问题

新施工队施工前没有对施工人员进行施工培训。对于不常用的器件，督导没有现场指导施工。施工队在不清楚器件安装方式的情况下，自作主张进行施工。

3．案例原因分析

监理人员于 7 月 21 日对某工厂进行安全交底和施工工艺检查。检查中发现对厂区道路进行覆盖的全向天线方向装错了，当时监理人员询问了天线安装的情况，经询问得知施工队竟然没有见过这种天线，因为看到是个圆柱体的天线，就以为是个定向天线。该天线本应该被竖直安装，结果被施工队平直安装，把天线的顶端向着覆盖方向，开通后这个天线就完全不能按要求覆盖厂区道路。监理人员要求施工队马上对此进行整改。

4．案例图片说明

案例三中天线安装的错误方法如图 6-55 所示。

监理人员对该站点进行施工工艺检查时发现，覆盖厂区道路的全向天线被施工队当作定向天线来安装。正确的安装方法应该是竖直向上

图 6-55　天线安装的错误方法

5．案例防范措施

(1) 承建单位应完善相关的内部管理制度，贯彻落实有关的安全生产法律法规和技术标准，制定安全技术防范措施。

(2) 承建单位在工程开工前要对施工队进行相关的技能培训。

(3) 新施工队施工时，承建单位一定要有督导在现场指导施工。

基站工程监理案例四

1．工程概况

某市数据中心 A 机房 IT 云配套电源属于 2019 年某运营商 IT 工程，该工程位于某市云龙数据中心，需新建 1 套低压成套开关柜 PD1、1 套低压成套开关柜 PD2、3 台 400 kV·A 模块化 UPS、1 台 200 kV·A 模块化 UPS、4 台 UPS 输出配电柜、11 组高功率 UPS 蓄电池、26 架交流列头柜、271 架机架、54 台 40 kW 列间空调、5 台恒湿机、3 台冷冻水专用空调、1 套动环监控系统。

2. 存在的问题

(1) 电力机房母线槽安装不规范，并行母线槽安装间距逐渐增大。

(2) 施工人员缺乏安全文明施工意识，水杯、杂物随意摆放在配电柜上。

(3) 静电地板安装工艺不符合要求，安装缝隙过大，有塌陷。

3. 案例原因分析

2020 年 3 月 27 日，甲公司对某市数据中心 A 机房电源部分进行施工。由于此机房为某运营商集团公司 IT 云服务器提供动力电源，工期要求紧急，因此造成有效工期不足等问题，项目安全生产、质量管控存在一定风险。项目部对此项目高度重视，在统筹兼顾项目进度的前提下，对安全生产管理、质量监理工作不放松。采取监理员常驻数据中心进行旁站、巡检，总监、监理工程师定期巡视的双重监理体系。当项目部总监、专监、现场监理员到现场时，施工人员在进行母线、配电柜、静电地板安装。母线正在进行紧固件安装，经目测和仔细检查发现，母线槽安装不规范，并行母线槽安装间距逐渐增大，安装工艺严重不符合规范要求，影响后期验收交维。现场无专职安全员，项目经理也不在施工现场，施工单位现场安全、质量管控制度执行力衰减。待安装配电柜上随意放置水杯、杂物，极易对设备造成损坏。静电地板切割误差较大，造成地板间隙过大，且支撑杆安装不平整。针对出现的问题，监理单位联合建设单位约谈了甲公司项目负责人，并下发了监理整改单，限期对以上问题进行整改。后期经项目部现场监理员复检，上述问题均已完成整改，项目整体质量得到了提升，安全生产隐患数量得到了遏制。

4. 案例图片说明

案例四中工程监理人员发现的问题如图 6-56 所示。

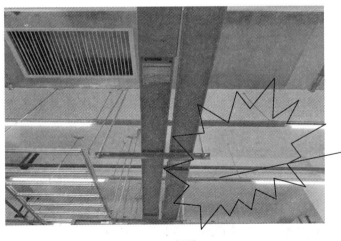

工艺不符合要求：电力机房母线槽安装不规范，并行母线槽安装间距逐渐增大

(a) 问题一

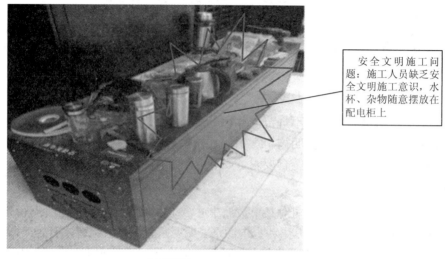

(b) 问题二

安全文明施工问题：施工人员缺乏安全文明施工意识，水杯、杂物随意摆放在配电柜上

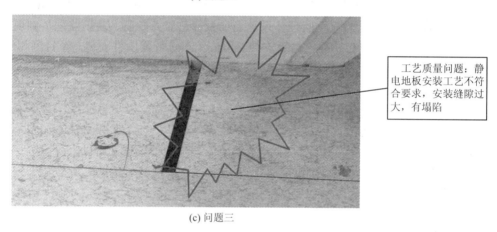

(c) 问题三

工艺质量问题：静电地板安装工艺不符合要求，安装缝隙过大，有塌陷

图 6-56　工程监理员发现的问题

5. 案例防范措施及建议

(1) 施工单位应完善相关内部管理制度,贯彻落实有关的安全生产法律法规和技术标准,制定安全技术防范措施。

(2) 施工单位在工程开工前做好安全交底,对施工人员进行质量标准和工艺规范相关培训。

(3) 施工单位应在数据中心设置常驻项目部和管理机构,项目经理、专职安全员须履行管理、监督职责。

(4) 机房施工严禁将水杯或饮料等带入,机房内应划定材料区、施工区等区域。

基站工程监理案例五

1. 工程概况

2020 年, 网络云配套电源工程项目主要建设地点为某运营商某市大数据中心。建设范围为 B01 栋 401、403、404 机房及对应电力电池室 405、407 和 408 机房, 其目的是为 4350 台计算服务器等网络设备提供动力电源。项目整体建设完成后,服务器总存储容量达 9400 T,

承载 3 省的 5G 核心网业务。

项目包含 6 套二级低压配电系统(每系统 6 个柜子)、24 套 500 kV·A 模块高频机 UPS 及 UPS 输出配电柜、3 套 200 kV·A 模块化高频机 UPS 及 UPS 输出配电柜、96 组 700 W/480 V 高功率铅酸蓄电池组、6 组 550 W/480 V 高功率蓄电池组、56 个列头柜、电缆及母线等。

2．存在的问题

设备搬运风险：项目设备厂家众多，部分电源配套部分设备体积大、重量重，导致设备单架净重大，搬运难度大，设备在搬运过程中容易产生倾倒和损伤；配件种类繁多，厂家配置错误导致部分配件不配套。

3．案例原因分析

2021 年 3 月开始，A 公司、B 公司、C 公司等单位负责 2020 年网络云配套电源项目的施工。由于本项目施工场地涉及电力机房、网络机柜等设备材料厂家 19 家、施工单位 6 家，参建人员达 100 余人，故我公司领导非常关注，特派经验丰富的监理人员赶往现场，对施工单位的质量及安全文明施工进行检查。在日常的巡检中，监理人员在设备、材料到达现场后对其进行检验。由于项目设备厂家众多，部分电源配套部分设备体积大、重量重，导致设备单架净重大，搬运难度大，设备在搬运过程中容易倾倒和损伤。配件种类繁多，厂家配置错误导致部分配件不配套。物流公司、施工单位在设备搬运、安装过程中未采取完善的防护措施导致部分设备变形、磨损。监理人员立即要求施工单位停止施工，并马上通知设备厂家、施工单位项目经理赶往现场，要求核实并确认设备破损情况并复验规格型号及配件配置清单，对于破损及配件不符合的设备要求设备厂家、施工单位更换，整改后方可施工。

4．案例图片说明

案例五中设备搬运的风险如图 6-57 所示。

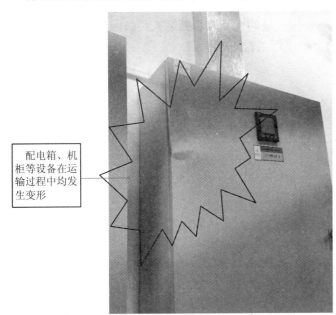

配电箱、机柜等设备在运输过程中均发生变形

(a) 风险一

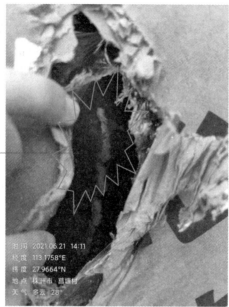

配件种类繁多,厂家配置错误导致部分配件不配套

(b) 风险二

图 6-57 设备搬运风险

5．案例防范措施及建议

(1) 到货前准备：设备到货前，设备厂家应提前确定好发货搬运路线、设备安装位置，复核发货单中设备型号及数量。

(2) 搬运前安全交底：监理人员需对搬运人员和设备厂家等相关人员进行安全交底，明确相关注意事项。

(3) 搬运时全程监督：监理人员应安排充足的人员监督搬运人员按照设备厂家的指导进行设备的拆卸和搬运，负责对搬运的全程进行监督。

基站工程监理案例六

1．工程概况

东城华府 5G 室分工程属于某运营商 2021 年 5G 三期工程，该工程位于某市旭园路 115 号，需在小区 2 号楼顶安装 4 面射灯天线，对小区内高层住户进行 5G 信号覆盖。

2．存在问题

(1) 射灯的位置与设计有偏差，无法达到设计覆盖要求。

(2) 馈线接入设定天线的接口出现错误，本次安装的射灯为有 2G 宽频/3.5G "2+4" 端口大张角射灯天线，有 2～4 个口，馈线安装时接入到了 3 至 4 口。

3．案例原因分析

东城华府 5G 室分工程为"三千兆小区"之一，为某运营商标杆小区。施工单位于 2021 年 12 月 14 日进行天线馈线施工，施工前未通知监理单位到场检查。监理单位在得知消息后马上派遣经验丰富的监理人员赶到现场进行质量及安全文明检查。当监理人员到达现场后，施工单位已完成天线馈线及射灯天线的布放及安装工作。经检查,射灯安装位置与设计有偏差,不能达到覆盖效果,且馈线接入设定天线的接口错误。发现问题后,监理人员要求施工单位对射灯安装位置进行调整,并对接错的接口进行整改。

4.案例图片说明

案例六中整改前的天线线缆如图 6-58 所示,整改后的射灯如图 6-59 所示。

图 6-58 整改前的天线线缆

图 6-59 整改后的射灯

5.案例防范措施及建议

(1) 由于射灯安装位置没有在设计单位的设计图中明确标注(如离外墙面××cm),造成施工单位在安装时随意性较大,无法满足实际覆盖需求。建议:设计单位应在设计图中更准确细致地标注射灯安装位置。

(2) 施工单位应提升施工人员的业务素质。本案例中天线安装位置明显不满足覆盖需求，且馈线接口错误，直到监理人员到场检查后才发现。建议：施工单位应在施工前通知监理单位到场检查。

(3) 监理单位应加强工程管理。本案例中监理单位直到施工单位完成施工后才到达现场，对施工单位的管控力度不足。建议：监理单位应该要求施工单位制定每日施工计划，报监理单位审核，监理单位依据施工计划安排监理人员检查工作。

本 章 小 结

本章主要介绍从基站土建基础施工开始至基站设备安装开通结束的全过程监理，包括材料进场及安全文明监理、基础施工监理、铁塔类天线支架安装监理、非铁塔类天线支架安装监理、天线馈线安装监理、机房建设监理、走线架安装监理、主设备安装监理、动力系统安装上电监理等。

基站建设工程监理是指具有基站建设工程监理相应资质的监理单位受通信工程项目建设单位的委托，依据建设主管部门批准的基站工程项目建设文件、基站建设工程委托合同及建设工程的其他合同(采购、施工等)对基站工程建设实施的专业化监督管理。实行基站建设工程监理的总目标在于提高工程建设的投资效益和社会效益。工程建设监理的中心任务是控制基站建设工程项目的投资、进度和质量三大目标。这三大目标是相互关联、互相制约的目标系统。通过对项目的"四控制、两管理、一协调"，使质量、工期、投资在这个既统一又矛盾的目标系统中达到最优的目标值。

课 后 习 题

1. 基站建设工程监理包括哪些内容？
2. 基站建设工程监理的工作流程主要包括哪些？
3. 基站建设工程监理的质量控制要点有哪些？
4. 铁塔类天线支架安装监理的质量控制要点有哪些？
5. 天线馈线安装监理的质量控制要点有哪些？
6. 机房建设监理的质量控制要点有哪些？
7. 主设备安装监理的质量控制要点有哪些？
8. 动力系统安装上电监理的质量控制要点有哪些？
9. 基站建设工程监理安全管理的要点有哪些？

附　　录

A1

工程开工/复工报审表

工程名称：　　　　　　　　　　　　　　　　　　　　编号：

致：_____(监理单位)

我方承担的_____已完成了前期准备工作及施工许可证的办理工作，具备了开工/复工条件，特此申请施工，请核查并签发开工/复工指令。

附件：

1. 开工报告

2. (证明文件)

承包单位(章)_____

项目经理_____

日　　期_____

审查意见：

项目监理机构_____

总监理工程师_____

日　　期_____

A2

施工组织设计(方案)报审表

工程名称：　　　　　　　　　　　　　　　　　　　　　　　　　　　编号：

致：＿＿＿＿＿＿＿＿＿＿＿＿＿＿＿＿＿＿＿＿＿＿＿＿＿(监理单位) 　我方已根据施工合同的有关规定完成了＿＿＿＿＿＿＿＿＿工程施工方案的编制，并经我单位上级技术负责人审查批准，请予以审查。 　附：工程施工方案   <div style="text-align:right">承包单位(章)＿＿＿＿＿＿＿</div><div style="text-align:right">项目经理＿＿＿＿＿＿＿＿＿</div><div style="text-align:right">日　　期＿＿＿＿＿＿＿＿＿</div>
专业监理工程师审查意见：   <div style="text-align:right">专业监理工程师＿＿＿＿＿＿＿</div><div style="text-align:right">日　　期＿＿＿＿＿＿＿＿＿</div>
总监理工程师审核意见：   <div style="text-align:right">项目监理机构＿＿＿＿＿＿＿</div><div style="text-align:right">总监理工程师＿＿＿＿＿＿＿</div><div style="text-align:right">日　　期＿＿＿＿＿＿＿＿＿</div>

A3

分包单位资格报审表

工程名称：　　　　　　　　　　　　　　　　　　　　　　　　　　编号：

致：_____(监理单位)

　　经考察，我方认为拟选择的_____(分包单位)具有承担下列工程的施工资质和施工能力，可以保证本工程项目按合同的规定进行施工。分包后，我方仍承担总包单位的全部责任。请予以审查和批准。

附：

1．分包单位资质材料

2．分包单位业绩材料

分包单位名称(部位)	工程数量	拟分包工程合同额	分包工程占全部工程
合　　计			

承包单位(章)_____

项目经理_____

日　　期_____

专业监理工程师审查意见：

专业监理工程师_____

日　　期_____

总监理工程师审核意见：

项目监理机构_____

总监理工程师_____

日　　期_____

A4

＿＿＿＿＿＿报验申请表

工程名称：　　　　　　　　　　　　　　　　　　　　　　　　编号：

致：＿＿＿＿＿＿＿＿＿＿＿＿＿＿＿＿＿＿＿＿＿＿＿＿＿(监理单位) 我单位已完成了＿＿＿＿＿＿＿＿＿工作，现报上该工程报验申请表，请予以审查和验收。 附件：   承包单位(章)＿＿＿＿＿＿＿＿ 项目经理＿＿＿＿＿＿＿＿＿＿ 日　　　期＿＿＿＿＿＿＿＿＿＿
审查意见：   项目监理机构＿＿＿＿＿＿＿＿＿ 总/专业监理工程师＿＿＿＿＿＿ 日　　　期＿＿＿＿＿＿＿＿＿＿

A5

工程款支付申请表

工程名称：   编号：

致：＿＿＿＿＿＿＿＿＿＿＿＿＿＿＿＿＿＿＿＿＿＿＿＿＿＿(监理单位)

我方已完成了＿＿＿＿＿＿＿＿＿＿＿＿＿＿＿工作，按施工合同的规定，建设单位应在＿＿＿＿＿＿年
＿＿＿＿＿＿月＿＿＿＿＿＿日前支付该工程款共(大写)＿＿＿＿＿＿＿＿＿＿＿＿＿＿(小写：＿＿＿＿＿＿)，
现报上＿＿＿＿＿＿＿＿＿＿工程付款申请表，请予以审查并开具工程款支付证书。

附：

1. 工程量清单
2. 计算方法

承包单位(章)＿＿＿＿＿＿＿＿

项目经理＿＿＿＿＿＿＿＿＿＿

日　　期＿＿＿＿＿＿＿＿＿＿

A6

监理工程师通知回复单

工程名称：   编号：

致：_____(监理单位)

我方接到编号为_____的监理工程师通知后，已按要求完成了整改工作并作以下回复。

详细内容：

承包单位(章)_____

项目经理_____

日　　期_____

复查意见：

项目监理机构_____

总/专业监理工程师_____

日　　期_____

A7

工程临时延期申请表

工程名称：
编号：

致：_____(监理单位)

根据施工合同条款_____条的规定，由于_____原因，我方申请工程延期，请予以批准。

附件：

1．工程延期的依据及工期计算

合同竣工日期：

申请延长竣工日期：

2．证明材料

承包单位_____

项目经理_____

日　　期_____

A8

费用索赔申请表

工程名称：＿＿＿＿＿＿＿＿＿＿＿　　　　　　　　　　　　　　　　编号：＿＿＿＿＿

致：＿＿＿＿＿＿＿＿＿＿＿＿＿＿＿＿＿＿＿＿＿＿＿＿＿＿＿(监理单位)

根据施工合同条款＿＿＿＿＿＿＿条的规定，由于＿＿＿＿＿＿＿＿＿＿＿原因，我方要求索赔

金额(大写)＿＿＿＿＿＿＿＿＿＿＿＿＿＿＿＿，请予以批准。

索赔的详细理由及经过：

索赔金额的计算：

附：证明材料

承包单位＿＿＿＿＿＿＿＿

项目经理＿＿＿＿＿＿＿＿

日　　期＿＿＿＿＿＿＿＿

A9

工程材料/构配件/设备报审表

工程名称：　　　　　　　　　　　　　　　　　　　　　　　　　　　　编号：

致：_____(监理单位)

我方于_____年____月____日进场的工程材料/构配件/设备数量如下(见附件)。现将质量证明文件及自检结果报上，拟用于下述部位：

_____

请予以审核。

附件：

1．数量清单：

2．质量证明文件(附后)

3．自检结果：合格

承包单位(章)_____

项目经理_____

日　　期_____

复查意见：

经检查上述工程材料/构配件/设备，符合/不符合设计文件和规范的要求，准许/不准许进场，同意/不同意使用于拟定部位。

项目监理机构_____

总/专业监理工程师_____

日　　期_____

A10

工程竣工报验单

工程名称：　　　　　　　　　　　　　　　　　　　　　　　　　编号：

致：＿＿＿＿＿＿＿＿＿＿＿＿＿＿＿＿＿＿＿＿＿＿＿＿＿(监理单位)

我方已按合同要求完成了＿＿＿＿＿＿＿＿工程，经自检合格，请予以检查和验收。

附件：

承包单位(章)＿＿＿＿＿＿＿

项目经理＿＿＿＿＿＿＿＿＿

日　　期＿＿＿＿＿＿＿＿＿

复查意见：

经初步验收，该工程

(1) 符合/不符合我国现行法律、法规要求；

(2) 符合/不符合我国现行工程建设标准；

(3) 符合/不符合设计文件要求；

(4) 符合/不符合施工合同要求；

综上所述，该工程初步验收合格/不合格，可以/不可以组织正式验收。

项目监理机构＿＿＿＿＿＿＿＿

总监理工程师＿＿＿＿＿＿＿＿

日　　期＿＿＿＿＿＿＿＿＿

B1

监理工程师通知单

工程名称：××市××路 422#××商住楼　　　　　　　　　编号：

致：_____(施工单位)

事由：

内容：

项目监理机构_____

总/专业监理工程师_____

日　期_____

B2

工 程 暂 停 令

工程名称：　　　　　　　　　　　　　　　　　　　　　　　　　　　　编号：

致：_____(承包单位)

由于

原因，现通知你方必须于_____年_____月_____日_____时起，对本工程的
_____部位(工序)实施暂停施工，并按下述要求做好各项工作：

项目监理机构_____

总监理工程师_____

日　　期_____

B3

工程款支付证书

工程名称：××区××小学教学楼工程 编号：

致：<u>××区教育局</u>(建设单位)

根据施工合同的规定，经审核承包单位的付款申请和报表，并扣除有关款项，同意本期支付工程款共(大写)_____(小写：_____元)。请按合同规定及时付款。

其中：

1. 承包单位申报款为

2. 经审核承包单位应得款为

3. 本期应扣款为

4. 本期应付款为

附件：

1. 承包单位的工程付款申请表及附件

2. 项目监理机构审查记录

项目监理机构_____

总监理工程师_____

日　　期_____

B4

工程临时延期审批表

工程名称：_____　　　　　　　　编号：_____

致：_____(承包单位)

　　根据施工合同条款_____条的规定，我方对于你方提出的_____工程延期申请(第_____号)要求延长工期_____日历天的要求，经过审核评估：

　　□ 暂时同意工期延长_____日历天。使竣工日期(包括已指令延长的工期)从原来的_____年_____月_____日延迟到_____年_____月_____日。请你方执行。

　　□ 不同意延长工期，请按约定竣工日期组织施工。

　　说明：

　　　　　　　　　　　　　　　　　　　　　　　项目监理机构_____

　　　　　　　　　　　　　　　　　　　　　　　总监理工程师_____

　　　　　　　　　　　　　　　　　　　　　　　日　　期_____

B5

工程最终延期审批表

工程名称：　　　　　　　　　　　　　　　　　　　　　　　　　编号：

致：_____(承包单位)

根据施工合同条款_____条的规定，我方对于你方提出的_____工程延期申请(第_____号)要求延长工期_____日历天的要求，经过审核评估：

□ 最终同意工期延长_____日历天。使竣工日期(包括已指令延长的工期)从原来的_____年_____月_____日延迟到_____年_____月_____日。请你方执行。

□ 不同意延长工期，请按约定竣工日期组织施工。

说明：

项目监理机构_____

总监理工程师_____

日　　期_____

B6

费用索赔审批表

工程名称：   编号：

致：_____(承包单位)

根据施工合同条款_____条的规定，你方提出的_____费用索赔申请(第_____号)，索赔(大写)_____，经我方审核评估：

□ 不同意此项索赔。

□ 同意此项索赔，金额为(大写)_____。

同意/不同意索赔的理由：

索赔金额的计算：

项目监理机构_____

总监理工程师_____

日   期_____

C1

监理工作联系单

工程名称：　　　　　　　　　　　　　　　　编号：

致：＿＿＿＿＿＿＿＿＿＿＿＿＿＿＿＿＿＿

事由：

内容：

单　位＿＿＿＿＿＿

负责人＿＿＿＿＿＿

日　期＿＿＿＿＿＿

C2

工程变更单

工程名称：　　　　　　　　　　　　　　　　　　　　　　　　　编号：

致：＿＿＿＿＿＿＿＿＿＿＿＿＿＿＿＿＿＿＿＿＿＿＿(监理单位)

　　由于＿＿＿＿＿＿＿＿＿＿＿＿＿＿＿＿＿＿原因，兹提出＿＿＿＿＿＿＿＿＿＿＿

＿＿＿＿＿＿＿＿＿＿＿＿＿＿工程变更(内容见附件)，请予以审批。

附件：

提出单位＿＿＿＿＿＿＿＿

代 表 人＿＿＿＿＿＿＿＿

日　　期＿＿＿＿＿＿＿＿

一致意见：

建设单位代表　　　　　　设计单位代表　　　　　　项目监理机构

签字：　　　　　　　　　签字：　　　　　　　　　签字：

日期：＿＿＿＿＿　　　　日期：＿＿＿＿＿　　　　日期：＿＿＿＿＿